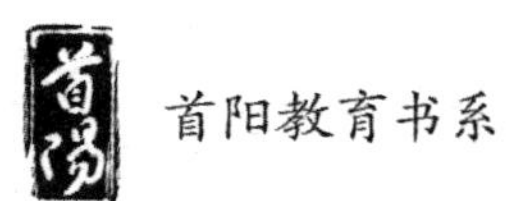

首阳教育书系

女装版型原理与设计

徐　强◎著

陕西师范大学出版总社　西安

图书代号 JY25N1076SY

图书在版编目（CIP）数据

女装版型原理与设计 / 徐强著 . -- 西安 : 陕西师范大学出版总社有限公司 , 2025. 5. -- ISBN 978-7-5695-5655-1

Ⅰ . TS941.717

中国国家版本馆 CIP 数据核字第 20259NH859 号

女装版型原理与设计

NÜZHUANG BANXING YUANLI YU SHEJI

徐　强　著

出 版 人　刘东风
出版统筹　杨　沁
责任编辑　刘梦楠
责任校对　郅　然
特约编辑　李密密
封面设计　徐　强
出版发行　陕西师范大学出版总社
（西安市长安南路 199 号　邮编　710062）
网　　址　http://www.snupg.com
印　　刷　三河市南阳印刷有限公司
开　　本　710 mm×1000 mm　1/16
印　　张　10
字　　数　200 千
版　　次　2025 年 5 月第 1 版
印　　次　2025 年 5 月第 1 次印刷
书　　号　ISBN 978-7-5695-5655-1
定　　价　72.00 元

作者简介

徐强，吉林人，中共党员，硕士，毕业于西安工程大学，现为湖州师范学院副教授，被评为福建省十佳服装设计师、福建省服装行业技术能手、福州市教育系统先进工作者，主要研究方向为民族民间服饰文化及其创意设计。主持教育部人文社会科学研究项目 1 项，主持福建省社科项目 1 项，主持福建省本科高校教育教学改革研究项目 1 项，主持福建省教育科学“十二五”规划项目、“十三五”规划项目各 1 项，主持福建省中青年教师教育科研项目 1 项，主持市厅级项目 5 项；发表科研、教研论文 150 余篇，其中发表于核心期刊上的有 30 余篇。

前　　言

女装版型原理的研究内容包括女装结构的内涵及各部位的相互关系、装饰与功能性的设计、分解与构成的规律和方法等。女装版型原理及其实践是服装设计的重要组成部分，其知识结构涉及人体解剖学、人体测量学、服装卫生学、服装造型设计学、服装生产工艺学、服饰美学等内容，女装版型原理及其实践是艺术和科技相互融合、理论和实践密切结合的实践性较强的学科。

女装设计与制作由款式设计、版型设计、制衣技术三部分组成。版型设计作为女装设计与制作的重要组成部分，既是款式设计的延伸和发展，又是制衣技术的准备和基础。一方面，版型设计将款式设计所确定的立体形态和细部造型分解成平面的衣片，修正其中的可分解部分，纠正费工费料的不合理的结构关系，从而使服装款式臻于合理；另一方面，版型设计又为制衣技术提供了成套的规格齐全、结构合理的系列样板，为成衣部件的各层材料的形态匹配提供了必要参考，有利于制作出能充分体现设计风格的服装。研究女装版型的目的是系统地掌握服装版型的基本知识，包括整体与部件结构的解析方法、相关结构线的吻合、整体结构的平衡、平面与立体构成的设计方法、工业用系列样板的制定等基本内容。

本书主要介绍女装版型原理与设计，共七章：第一章为女装版型基础知识，主要内容包括服装版型设计方法，人体基本构造，服装制图规则、符号和工具，人体测量，成品规格；第二章为女装原型的构成及其变化原理，主要内容包括女装原型的绘制方法、省道设计、分割线设计；第三章为裙装版型原理与设计，主要内容包括裙装版型原理、裙装版型设计；第四章为裤装版型原理与设计，主要内容包括裤装版型原理、裤装版型设计；第五章为衣领版型设计，主要内容包括衣领版型解析、无领版型设计、立领版型设计、翻折领版型设计、驳领版型设计、花式领版型设计；第六章为衣袖版型设计，主要内容包括衣袖版型解析、一片袖版型设计、两片袖版型设计、插肩袖版型设计、花式袖版型设计；第七章为女装综合版型原理与设计，主要内容包括女装综合版型的放松量与结构优化、连衣裙版型设计、衬衣版型设计、西装版型设计、大衣版型设计。本书既可应用于服装版型设计方面的教学，又可服务于社会，作为服装企业在设计生产服装过程中进行版型设计的参考。

本书适合高校服装设计相关专业的学生使用，同时对于服装设计专业人员和广大服装爱好者的学习和研究具有一定的参考价值。为了确保研究内容的丰富性和多样性，笔者在写作过程中参考了大量理论与研究文献，在此向涉及的专家学者表示衷心的感谢。

最后，限于笔者水平，本书难免存在一些不足之处，在此，恳请同行专家和读者朋友批评指正！

徐　强

2025 年 1 月

目　录

第一章　女装版型基础知识

女装版型具有艺术性、实用性与创新性，要求设计师具备敏锐的时尚触觉、精湛的工艺技能与严谨的工作态度，以创造出既符合大众审美又兼具实用价值的服装作品。女装版型设计不仅需要精准的测量与分析，还要巧妙运用剪裁技巧与面料特性，确保设计出的服装可以展现出独特的魅力与优雅的风姿。

第一节　服装版型设计方法

一、服装版型设计方法的类别

服装版型设计方法主要分为平面版型设计和立体裁剪两种。

平面版型设计，也称平面裁剪，它涉及通过人的思维解析，进而将服装与人体之间的三维立体关系转化为服装与纸样之间的二维平面关系。平面版型设计依据实测数据、经验积累以及视觉判断来确定尺寸，并运用公式来绘制出精确的平面纸样，其优势在于简洁性、便捷性以及绘图的高精确度。在实际操作中，常采用假缝制、立体检验以及必要的修正步骤，以确保转换过程的准确性，从而达到设计的完美呈现。

立体裁剪通过将布料直接覆盖在人体或人体模型上，充分利用布料的悬垂特性，借助折叠、收省、聚焦、提拉等手段，创造出具有立体感的二维布样。由于整个操作过程是在真实或模拟的人体形态上进行，因此从三维设计构思到二维布样制作，再到最终的三维成衣成品，转换过程直观且具体，布样的效果能够即时呈现，便于设计师充分展现创意并及时做出调整。此外，立体裁剪在处理复杂造型，如不对称设计、多层皱褶等方面，展现出平面裁剪难以匹敌的优势。立体裁剪也存在一些显著的局限性，例如，其对操作环境要求较高，需配备标准的人体模型、与所用面料特性相近的坯布，若直接使用最终面料，则材料消耗较大。由于裁剪过程中涉及较多随机性的手法，这对操作者的技术熟练度和艺术审美水平提出了很高的要求。

鉴于两种设计方法各具所长、各有所短，世界各国服装产业在使用上采用多种模式。

第一种，侧重于立体裁剪，辅以平面版型设计的方法。在标准的人体模型上，主要运用立体裁剪技术，同时辅以平面版型设计技术，遵循布样制作、款式纸样绘制、修正以及推板的过程。

第二种，立体裁剪与平面版型设计并重，两者相辅相成。以平面版型设计为主，通过立体检验进行验证，随后进行修正并推板；而对于立体形态复杂的服装（如晚礼服、婚纱、舞会服等），则主要依赖立体裁剪技术。

第三种，主要依赖平面版型设计，对于形态复杂、立体感强的部件（或区域），则采用立体裁剪进行设计，包括款式纸样的绘制、立体检验、修正以及推板。

二、平面版型设计方法

平面版型设计，通常被业界称为平面裁剪，是在平面的纸张或布料上绘制裁剪图，然后进行放缝处理、对位标记以及标注各种技术符号，最终通过剪切和整理步骤制作出符合规范的纸样。

（一）间接制图法

间接制图法依赖于原型或基型等基础模板。在此基础上，根据服装的具体尺寸和款式设计，通过增加、减少、剪切、折叠、拉伸等技术操作，绘制出所需的服装版型图。根据所使用的基础纸样类型，间接制图法可以进一步细分为原型法和基型法。

1. 原型法

原型法以结构简洁但能充分反映人体关键部位尺寸的原型为基础。在此基础上，通过增加衣长、调整胸围、胸宽等细节尺寸，并结合剪切、折叠、拉伸等技术手段，构造出与实体服装造型相符的服装版型图。

2. 基型法

基型法则是选取与所设计服装款式最为接近的现有服装纸样作为基本版型。

通过对基型进行局部造型的调整，制作出所需服装款式的纸样。由于步骤相对简洁且制板速度快，基型法常被企业用于快速制板。

（二）直接制图法

直接制图法是通过直接测量参照服装的各详细尺寸，或者依据人体体型规格及其与服装尺寸之间的关联，利用人体基本部位的比例来计算服装版型图的详细尺寸。

1. 比例制图法

比例制图法基于人体的基本部位尺寸（如身高、净胸围、净腰围）与服装细部尺寸之间的统计关系，利用这些基本部位的比例来计算服装的各细部尺寸。

2. 实寸制图法

实寸制图法以特定的参照服装为基准，直接测量该服装的各个细部尺寸，并将这些测量值作为绘制服装版型图时的细部尺寸或直接参考尺寸。

第二节　人体基本构造

一、人体基本构造的总体特征

人体由头、躯干、上肢和下肢四个主要部分组成。躯干进一步细分为颈、胸、腹、背等区域；上肢则包含肩、上臂、肘、前臂（或称为下臂）、腕、手等部位；下肢则包括胯部、大腿、小腿、踝和脚。构成人体运动系统的基本元素包括骨骼、关节和肌肉，它们共同决定了人体的体型特征。

（一）骨骼

如图 1-2-1、图 1-2-2 所示，骨骼构成了人体的基本框架，对身体各部位的比例以及整体的基本形态起着决定性的作用。人体内部总共有超过 200 块骨头，它们相互连接，共同组成了人体的骨骼系统。在皮肤之下，一些骨骼的末端或突出部分能够清晰地显现出来，这些被称为“骨点”。骨点不仅是理解人体形态特征的关键，也是进行人体测量时的重要依据。

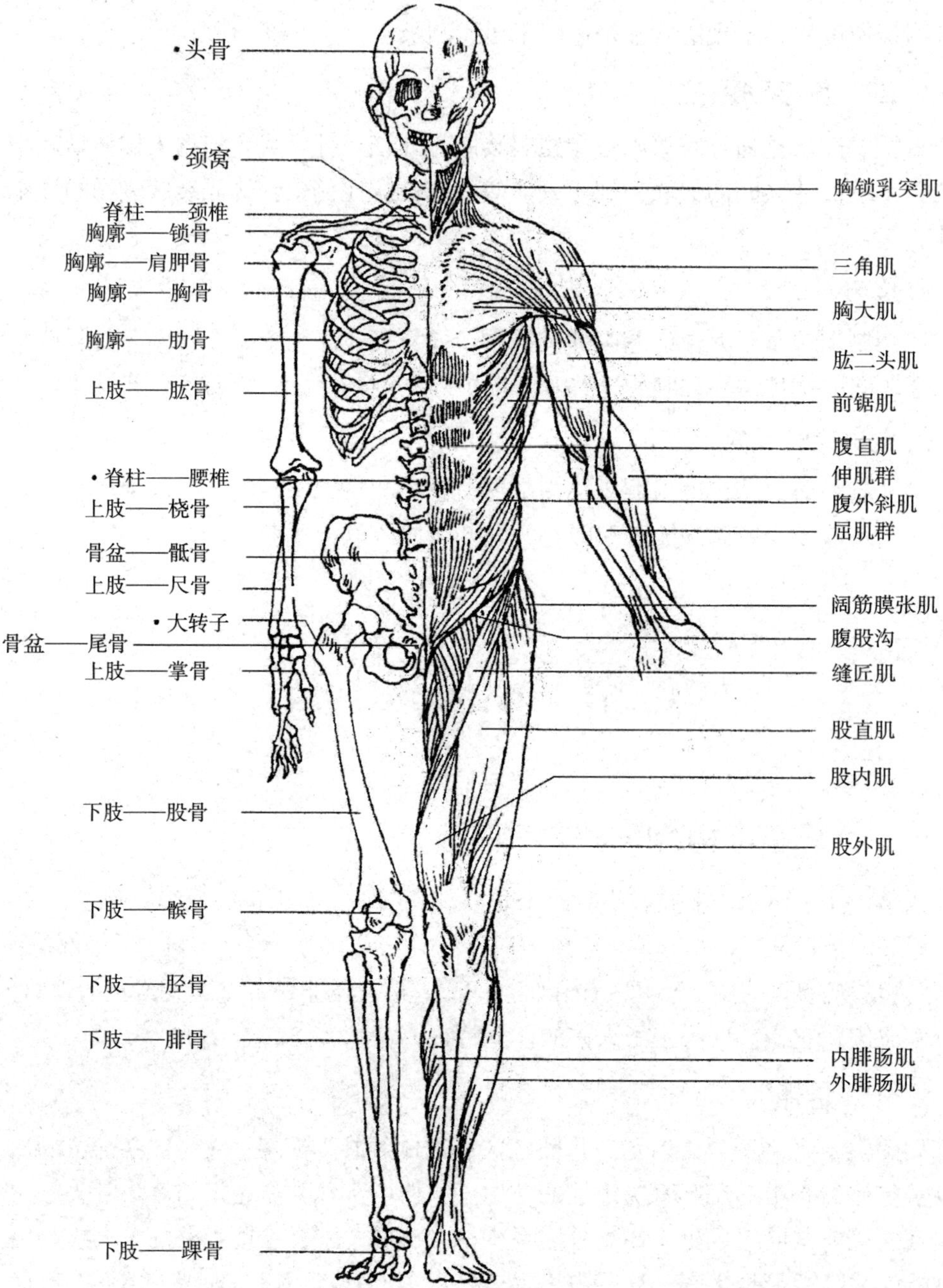

图 1-2-1　人体骨骼、肌肉正面

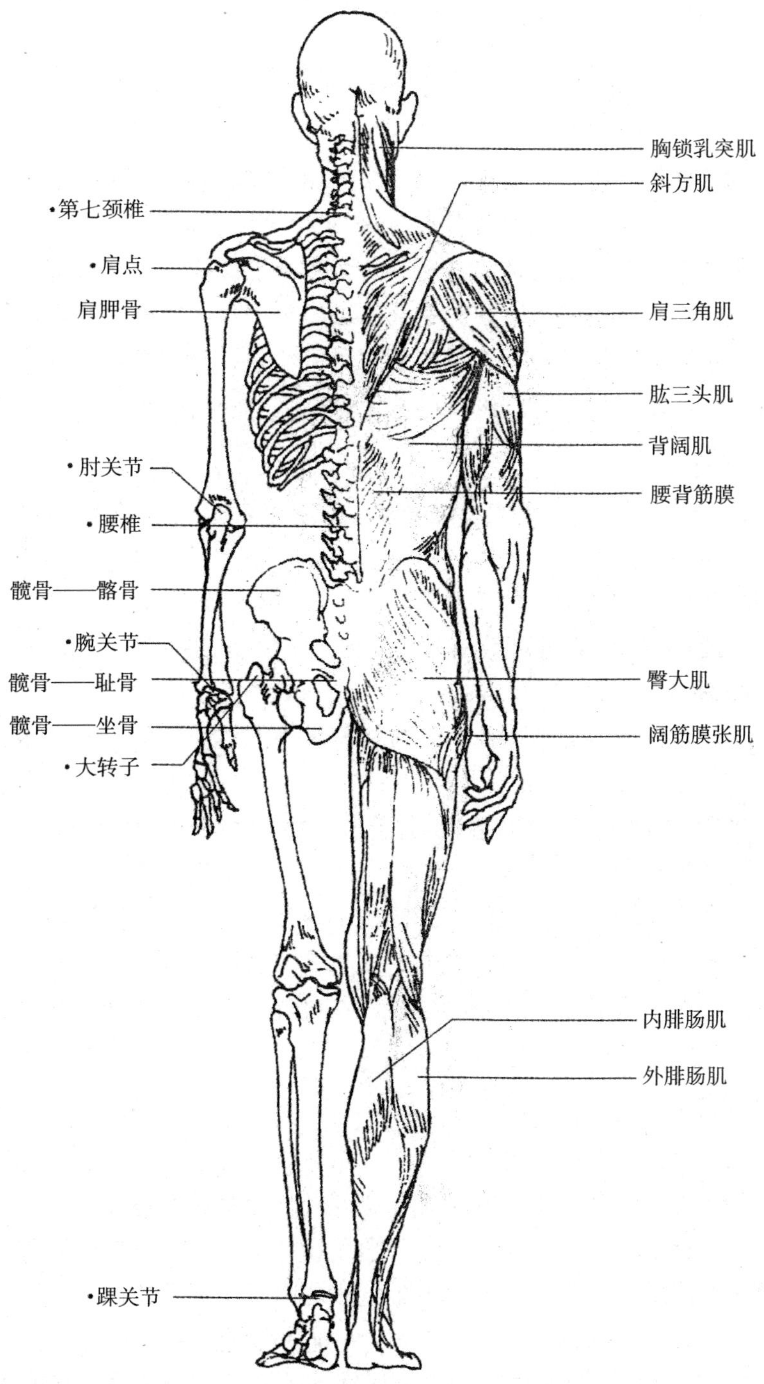

图 1-2-2　人体骨骼、肌肉背面

1. 头骨

头骨与头饰设计关系较大，是测量头围与帽深两个尺寸的重要依据。

2. 脊柱

脊柱作为人体躯干的核心骨骼结构，主要由颈椎、胸椎和腰椎三部分组成。颈椎与头骨相连，而腰椎则与髋骨相接，这三部分共同形成了一个背部凸起、腰部凹陷的 S 形曲线。颈椎由七块骨头构成，其中第七颈椎不仅是头部与背部的连接枢纽，也是这两个区域的分界点，它在服装纸样制作中对应着后颈点的位置，是确定纸样后中心的关键顶点。腰椎由五块骨头组成，其中第三腰椎位于背部与臀部的交界处，这一位置对于腰围线的测量具有重要的指导意义。

3. 胸部骨系

胸部骨系是构成胸廓骨架的骨骼系统，主要包括锁骨、胸骨、肋骨、肩胛骨等。

锁骨：位于颈和胸的交接处，共有一对，内侧和胸锁乳突肌相接形成颈窝，为服装前颈点的标准；锁骨外端与肩胛骨、肱骨上端会合构成肩关节并形成肩峰，为服装肩点的标准。

胸骨：为肋骨内端会合的中心区，位于两乳中间的狭长部位，人体中心从此通过。

肋骨：共有 12 对 24 根，后端全部与腰椎连接，前端与胸骨构成完整的胸廓，其形状呈竖起的蛋形。

肩胛骨：共有两块，成对地位于背部的上端，形状呈现出倒三角形的特征。这个倒三角形的上部有一个明显的凸起，被称为肩胛冈，它构成了肩部与背部之间的转折点。在服装设计中，肩胛冈常被用作设计后衣片肩省和过肩的重要参考依据。

4. 上肢骨系

上肢骨系展现出左右对称的特点，主要由肱骨、尺骨、桡骨以及掌骨组成。

肱骨作为上臂的主要骨骼，其上端与锁骨和肩胛骨相互连接，共同构成了肩关节，并形成肩凸部位。这一结构特点在服装设计中，尤其是上衣肩部造型的设计上，起到了关键的参考作用。肱骨的下端则与尺骨和桡骨相连。

尺骨和桡骨均为前臂的骨骼组成部分，它们与肱骨连接在一起，形成了肘关节。这一结构特点在服装设计中，对于袖省和肘线的设计具有重要的指导意义。

同时，尺骨和桡骨还与掌骨相连接，构成了腕关节，这一连接点则是设计基本袖长时的重要参考依据。

5. 骨盆

骨盆由两侧髋骨、骶骨和尾骨构成。骶骨连接腰椎，下方两侧是髋骨，由髂骨、耻骨、坐骨构成，与下肢股骨连接，组成大转子，是测量臀围线的依据。

6. 下肢骨系

下肢骨系主要由股骨、髌骨、胫骨、腓骨及踝骨构成。

股骨是大腿部位的主要骨骼，其上端与髋骨紧密相连，而下端则与髌骨、腓骨及胫骨汇聚，共同形成了膝关节。

髌骨，也就是膝盖骨，它在服装设计中扮演着至关重要的角色，尤其是在设计裙型、裤型以及确定裙长、裤长时，髌骨的位置和形态都是设计师不可忽视的重要参考依据。

胫骨和腓骨均为小腿骨骼，与踝骨汇合处的凸起点为腓骨头，是设计裤长的依据。

关节是骨与骨之间连接的部位，它是人体运动的枢纽。关节有不同的类型与形状，能够使人体各部位在运动时产生不同的外形变化，或屈伸，或内收，或外展，或回转。人体关节的活动特征对服装版型有重要的影响。

（二）肌肉

肌肉附于骨骼关节之上，人体靠肌肉的收缩牵动骨骼产生动作。肌肉是人体表面形态的决定因素，肌肉发达则体形丰满，肌肉干瘪则体形瘦小。

（三）人体比例

人体比例是人体体型特征的重要内容。从事服装设计必须对人体比例有清楚的了解。一般情况下，以头长为单位确定成年人各部位的比例关系，如图 1-2-3 所示。全身通常为 7 ～ 7.5 个头长；上肢为 3 个头长，上臂为 4/3 头长，下臂为 1 个头长，手为 2/3 头长；下肢为 4 个头长，膝关节为中点；肩宽

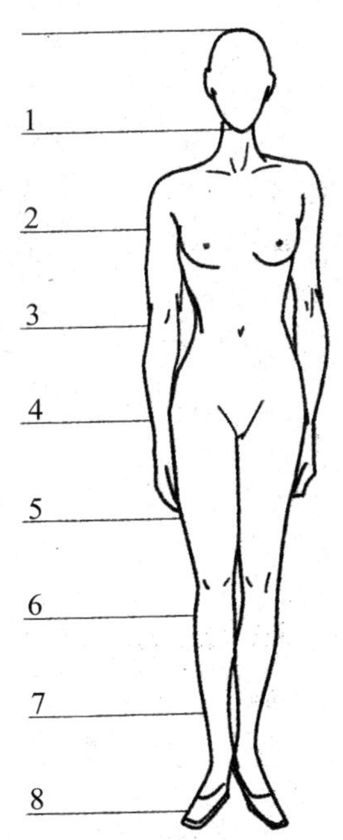

图 1-2-3　人体比例

为 2 个头长，下颏至乳头为 1 个头长，乳头连线至脐孔为 1 个头长。

二、躯干

躯干是人体的主体部分，由颈、胸、腹部组成。颈部的形状类似一个圆柱体，其底面呈现出一种前低后高的倾斜状态，这种状态与衣领的设计有着紧密的关联。

胸部和腹部是躯干的主体部分，它们的形态特征比较复杂。

如图 1-2-4 所示，从正面看，以腰节为界，胸部与腹部各成一个梯形形状，胸部梯形是上大下小，而腹部梯形是上小下大，两个梯形上下排列；从后面看，为曲线形，颈部向前弯，胸部向后弯，腰部向前弯，骶尾部向后弯，这主要是由脊柱的弯曲造成的。

胸廓的形状近似于卵形，上小下大，呈下倾状。在其上端是肩部，肩部有锁骨，其上方形成锁骨窝，两锁骨中间形成颈窝。胸廓的前面上半部胸部明显向前隆起，下方边缘形成水平并向上略弯曲的乳下弧线。胸廓的下端呈弓形，胸廓与骨盆之间的腰部一般比较细窄。背部在与颈部相连的部位有斜方肌肌腱形成的菱形凹陷，中央有第七颈椎棘突形成的隆起，肩胛骨位于背部上端两侧，其外端为肩峰，背部正中也有一条纵沟为脊柱沟。

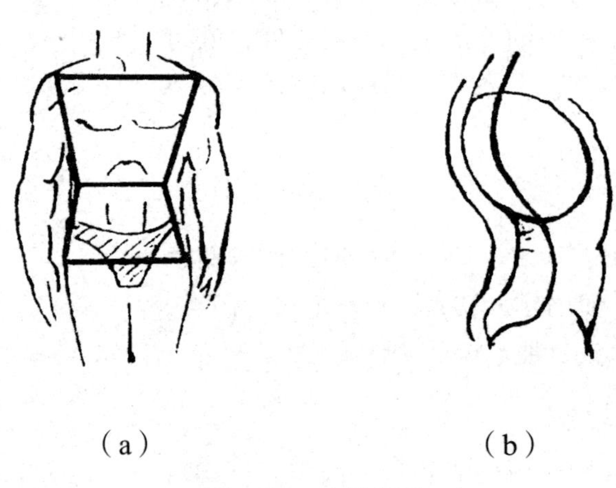

（a）　　　　（b）

图 1-2-4　人体躯干

三、上肢特征

上肢经肩关节与躯干相连，具体分为上臂、下臂及手三部分，其中臂部的形态特征在服装设计制作中尤为重要。

上臂与下臂之间通过肘关节紧密相连。如图 1-2-5 所示，在自然下垂的状态下，上肢的中心线并非笔直，从侧面观察时，发现下臂略微向前倾斜；而当手心朝前时，下臂则会向外侧稍有倾斜。整体上，上肢从顶端至末端逐渐呈现出由粗到细的渐变。至于上肢与肩部的连接点——肩关节，则呈现出圆润且饱满的形态。上肢的活动范围较大，整个上肢可以前后摆动、侧举和上举，上臂与下臂之间可以屈伸，下臂还可以做 180° 的转动。

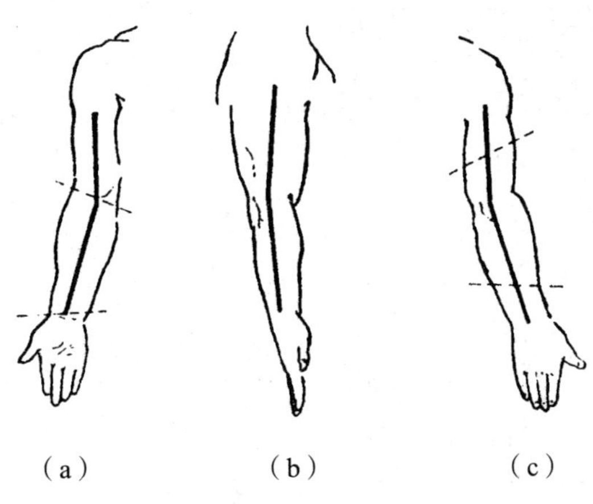

（a）　（b）　（c）

图 1-2-5 人体上肢体系

四、下肢特征

人体的下肢包括胯部、腿部和足部。在服装设计中，胯部和腿部的形态特征起着至关重要的作用。

胯部的最宽点位于两侧的大转子处。当双腿保持直立时，臀大肌显得尤为丰满，并在大转子后方形成臀窝，同时在胯部下方勾勒出臀股沟的轮廓；然而，当大腿向前弯曲时，臀窝与臀股沟便会消失不见。至于腿部，其形态特点表现为上部粗壮而下部逐渐变细，大腿肌肉饱满且有力，小腿后侧则形成了俗称的“腿肚”。如图 1-2-6 所示，从正面视角观察，大腿从上到下略微向内倾斜，而小腿

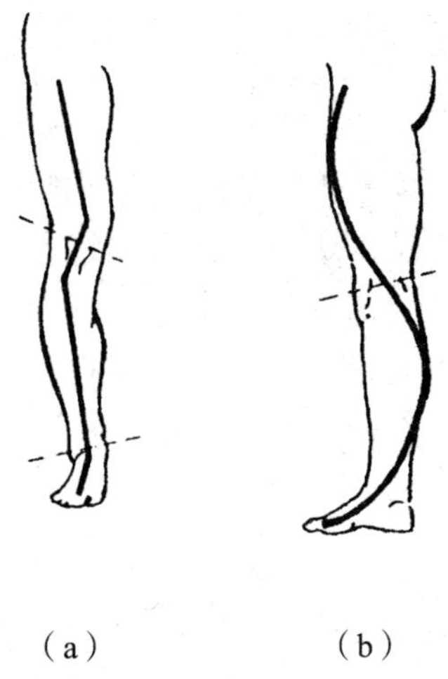

（a）　（b）

图 1-2-6 人体下肢体系

则近乎垂直；而从侧面视角看，大腿轻微向前弯曲，小腿则轻微向后弯曲，共同构成了 S 形的优美曲线。

五、男女体型差异

男女体型差异主要体现在躯干部位。女性的胸部较为隆起，表面形态起伏较大；相比之下，男性的胸部更为平坦。此外，女性的骨盆较为宽大，且脊柱的腰椎部分较长，这使得她们的腰部以下区域显得更为发达。相反，男性的肩部与胸部骨骼肌肉更为宽广厚实，给人以腰部以上更为发达的印象。因此，在观察从肩线至腰节线与腰节线至大转子连线所形成的两个梯形区域时，男性的梯形呈现为上大下小，而女性的则为上小下大，如图 1-2-7 所示。同时，男性的腰节线相较于女性而言位置偏低。

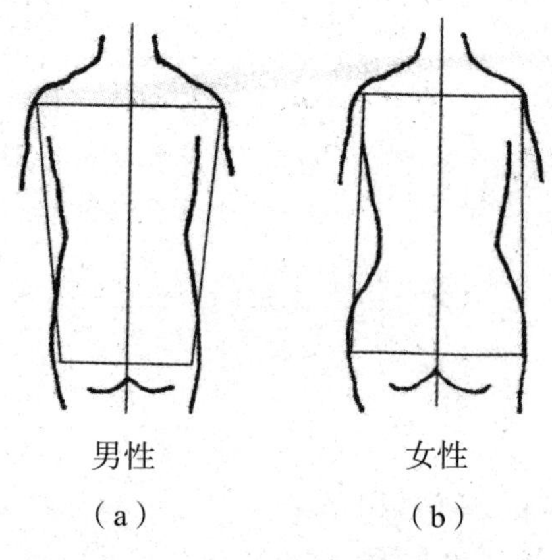

图 1-2-7　男女体型背部形态

图 1-2-8 为男女体型侧面形态。在服装版型设计方面，男女体型不仅受到骨骼结构的影响，其造型特点还主要由肌肉和表层组织的构造差异所决定。具体而言，身体健壮的男性肌肉发达，肌腱多形成短而凸起的块状结构，使得整体外形显得起伏不平且较为平直，这在服装设计中通常被称为“直筒型”身材。相比之下，女性的肌肉不如男性发达，皮下脂肪较多，因此整体外形显得更为光滑圆润，起伏较大。

进一步来看，男女体型在肌肉和表层组织方面的差异还体现在：男性的颈部竖直，胸部前倾，腹部收紧，臀部收缩且体积较小，整体呈现出挺拔有力的造型。而女性则因乳房隆起、背部稍向后倾斜，显得颈部前伸、肩胛突出。同时，由于女性的骨盆宽厚，臀大肌高耸，使得后腰部呈现凹陷状，腹部前挺，从而形成了典型的S形曲线身材。

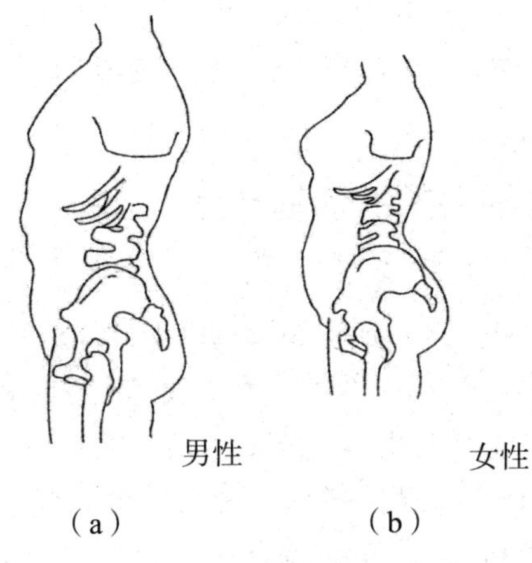

（a）　　（b）

图1-2-8　男女体型侧面形态

六、人体参数

（一）肩斜度

肩斜度指的是从肩端到颈根连线与水平线之间形成的夹角。在男性群体中，这一角度通常为21°；而在女性群体中，这一角度一般为20°。肩斜度的大小主要取决于斜方肌的发达程度，由于男性的斜方肌相较于女性更为发达，因此他们的肩斜度也相对较大。

（二）颈斜度

颈斜度是指人体颈部与垂直线之间形成的夹角。在男性群体中，这一角度通常为17°；而在女性群体中，这一角度一般为19°。颈斜度主要由人体的平衡关系决定。男性的颈部呈现出较为直立的特点，而女性的颈部则起伏较大，常有前伸的现象，这也导致了女性颈部的倾斜角度相对较大。

（三）手臂下垂时自然弯曲程度

当人体自然站立时，手臂会呈现出轻微向前弯曲的状态。在男性群体中，这种偏差约为6.8cm；而在女性群体中，这种偏差约为6cm。由于男性手臂的前倾程度大于女性，因此在设计贴体袖子时，男装需要更大的放松量以适应这种差异。

（四）腰脊关节的活动尺度

腰脊关节的活动尺度对上下连装的版型设计具有重要影响。在人体自然站立状态下，腰脊可以前屈 80°、后伸 30°、左右侧屈 35° 以及旋转 45°。由于腰脊前屈的幅度较为显著且活动机会较多，因此在版型设计中需要增加后身的运动量，同时确保前身平整美观。

（五）肩关节和肘关节的活动尺度

以人体自然站立的手臂状态为基准（0°），肩关节可以上举 180°、后伸 60°、外展 180° 以及内收 75°。肘关节则可以前屈 150°，但无法后伸。由此可见，人体的上肢主要进行向前运动。因此，在版型设计时，应增加有利于手臂向前运动的活动量，如适当放宽后袖笼与对应袖子的样板尺寸，并加强肘部材料的强度，以适应肘部前屈的需求。同时，虽然肩关节上举可达 180°，但日常活动范围多在 90° 左右。根据前臂和肘关节的活动角度，上身衣袋的位置设在胸围线以下最为适宜，而下身衣袋则应设在腰围线以下约 10cm 处与前腋点垂线相交的位置上，上衣口袋和裤子口袋的定位均以此为依据。

（六）颈部关节活动尺度

颈部关节的屈伸及左右倾斜角度均为 45°，转动幅度为 60°。这些活动范围是设计连衣帽及衣领时的重要参考数据。

第三节　服装制图规则、符号和工具

一、基本概念

（一）服装版型

服装版型涉及服装各部件的几何形态及其相互间的组合关系，同时也包括各层材料之间的搭配方式。这涵盖了服装外部轮廓线之间的搭配、内部构造线的设计，以及不同层面服装材料之间的组合。服装的构造是基于其外观设计和功能需求来确定的。

（二）结构制图

结构制图，也称为“裁剪制图”，是通过分析计算并在纸张或布料上精确描绘出服装版型线条的过程。这个过程是服装制作前的重要准备步骤。

（三）结构线

结构线是指在服装制作中起到改变造型作用的外部和内部缝合线的总称。这些线条包括基础线条和轮廓线条。基础线条是在结构制图过程中用于定位和测量的纵向和横向基准线，而轮廓线条则构成了服装部件或整体服装的外部形状。

（四）服装版型制图不同部位的名称

总肩：自左肩端点通过后颈点至右肩端点的宽度，亦称“横肩宽”。

领窝：前后衣身与领身缝合的部位。

搭门：门、里襟需重叠的部位。

驳头：衣身随领子一起向外翻折的部位。

驳口：驳头内侧与衣领翻折部分的统称。它是评估驳领制作精良程度的关键区域。

串口：领面与驳头面相接的缝合部位。通常，串口线与领里和驳头的缝合线不在同一位置，串口线相对倾斜。

省道：为适应人体曲线和造型需求，通过裁剪去除部分衣料，使衣片呈现曲面状态或消除多余浮起的不平整部分。

裥：为满足体型和造型需求，将部分衣料折叠并熨烫定型，由裥面和裥底两部分构成。

褶：为了符合体型和造型需求，通过缝缩部分衣料而形成的褶皱效果。

分割缝：为满足体型和造型需求，在衣身、袖身、裙身、裤身等部位进行分割处理所形成的缝线。

衩：为了便于穿脱和行走，以及满足造型需求，在服装上设置的开口设计。

袢：具有扣紧、牵吊等功能和装饰作用的部件，由布料或缝线制成。

衣领：围于人体颈部，起保护和装饰作用的部件。

衣袖：覆于人体手臂的服装部件。

二、服装制图规则、符号

服装制图作为一种精确的技术语言，旨在清晰传达设计师的意图，并在设计、生产及管理部门之间建立有效的沟通桥梁。它是组织生产流程、指导实际操作的重要技术文件之一。版型制图作为服装制图的组成部分，对于标准样板的制定、系列样板的缩放起到指导作用。版型制图的规则、符号和部位代号都有严格的规定，以保证制图格式的统一、规范。

（一）服装制图规则

版型制图的常规流程通常始于衣身的绘制，随后再细化到各个部件。具体到单个衣片的制作，首先是绘制基础线，接着才是轮廓线和内部结构线。在绘制基础线时，一般遵循先纵向再横向的原则，即先确定长度，后确定宽度，并按照从上到下、从左到右的顺序进行。完成基础线的绘制后，会根据轮廓线的具体绘制要求，在相关位置标记出多个工艺点。最后，利用直线、曲线以及平滑的弧线，精确地连接各个部位的定点和工艺点，从而勾勒出完整的轮廓线。

1. 字体

图纸上的文字、数字及字母，均须确保字体端正、笔画明晰、间距一致且排列有序。

2. 尺寸标注

服装各部位和零部件的实际大小以图样上所标注的尺寸数值为准。如未做特殊说明，本书中的图纸（包括技术要求和其他说明）中的尺寸，一律以 cm 为单位。

尺寸标注线应采用细实线进行绘制，并且其两端的箭头须准确地指向尺寸界线。版型制图中的结构线不可替代标注用的尺寸线，也不应与其他图线相重合或绘制在其延长线上。正确标注如图 1-3-1 所示。

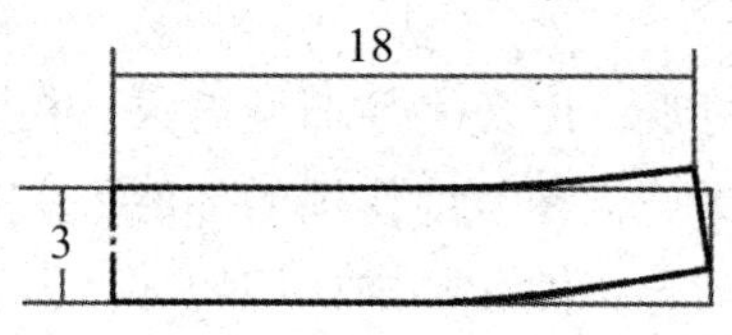

图 1-3-1 正确标注

（二）服装制图符号

1. 常用符号

服装版型设计制图符号，如表 1-3-1 所示，主要包括符号名称、符号形式以及符号用途。

表 1-3-1　服装版型设计制图符号

序号	符号名称	符号形式	符号用途	备注
1	粗实线		服装和零部件的轮廓线	图线宽 0.9cm
2	细实线		服装版型的基础线、尺寸界线、引出线	图线宽 0.3cm
3	虚线		背面轮廓影示线、缝纫明线	图线宽 0.6cm
4	点划线		对折线	图线宽 0.6cm
5	等分号		表示某个部分等分成若干相等距离	—
6	省道号		表示裁片需要收省道	—
7	褶裥号	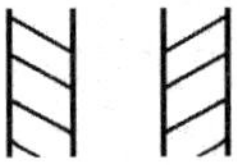	表示裁片需要折叠成褶裥，斜线方向表示褶裥折叠方向	—
8	塔克号	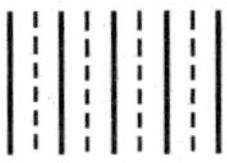	表示裁片需要缝合打褶，实线表示褶皱的数量及宽度，虚线表示缝合的具体区域	—
9	刀口号		表示裁片某部位缝合时需要对位而做的对刀符号	—
10	经向号		表示服装面料布纹的径向	—

续表

序号	符号名称	符号形式	符号用途	备注
11	顺向号		表示服装面料表面的毛绒顺向	—
12	拼接号		表示相邻两裁片需要拼接	—
13	省略号		表示省略裁片某部分	—
14	归缩号		表示裁片某部位需要熨烫归拢	—
15	拉伸号		表示裁片某部位需要熨烫拉伸	—
16	缩缝号		表示裁片某部位需要用缝线抽缩	—
17	同寸号		表示相邻裁片尺寸相同	—
18	重叠号		表示相关裁片交叉重叠	—
19	明线号		表示服装某部位表面需要缝合明线	—
20	眼位		表示服装扣眼位置	—
21	纽位		表示服装纽扣位置	—

2. 服装制图部位代号

服装版型设计制图部位代号，如表 1-3-2 所示。

表 1-3-2　服装版型设计制图部位代号

序号	中文名称	英文名称	代号
1	胸乳点	Bust Point	BP

续表

序号	中文名称	英文名称	代号
2	侧颈点	Side Neck Point	SNP
3	前颈点	Front Neck Point	FNP
4	后颈点	Back Neck Point	BNP
5	肩端点	Shoulder Point	SP
6	领围	Neck Girth	N
7	胸围	Bust Girth	B
8	腰围	Waist Girth	W
9	臀围	Hip Girth	H
10	领围线	Neck Line	NL
11	胸围线	Bust Line	BL
12	腰围线	Waist Line	WL
13	臂围线	Hip Line	HL
14	中臀围线	Middle Hip Line	MHL
15	膝围线	Knee Line	KL
16	肘线	Elbow Line	EL
17	袖窿	Arm Hole	AH
18	长度	Length	L

三、服装制图工具

制图的标准化设计是服装生产能够按要求和标准进行的重要保证，因此，制图的专门工具就显得极为重要。

（一）工作台

要求稳定、平整，有足够的长度和宽度。

（二）纸

基础纸样可用一般白纸。工业样板用纸需有一定的韧度，以确保多次使用不变形、磨损小，还需有一定的厚度，以便在样板周边进行描画。

（三）笔、画粉

用不同型号的铅笔，勾画粗细、黑度不同的线。画粉用于在面料上画线而不会污染衣料，边缘应薄，画线应细而清晰。

（四）尺

常用 40cm 和 100cm 长的公制透明直尺；三角板、直角尺可用于帮助画垂直线；软尺用于人体测量和纸样中弧线长度的测量；服装设计专用的曲线板可用于绘制领窝、袖窿、袖山等部位的弧线。由于衣片上的曲线变化较大，应尽量练习用直尺边移动边绘制曲线。

（五）人体模型

女装人体模型有不同的种类、不同的体型和不同的号码，应根据情况选用。

（六）剪刀及其他辅助工具

用于剪裁设计的剪刀、用于精确复制纸样的描线轮以及便于定位的锥子等辅助工具。

第四节　人体测量

基准点和基准线的确定要依据人体测量的数据，同时要考虑到这些点和线应具有明显、固定、易测的特点。测量基准点和基准线是固定的程序，不因时间、生理特点的变化而改变，多选在骨骼的端点、突起点等部位。

一、人体的基准点

人体基准点及其对应位置，如图 1-4-1 所示。

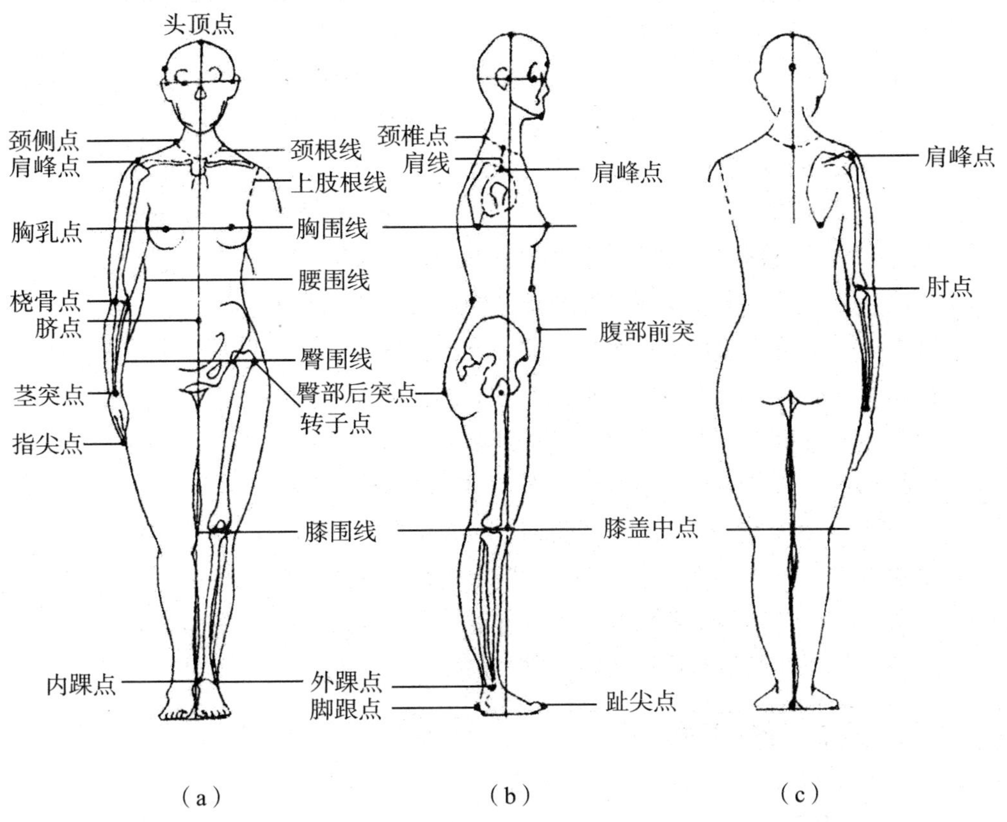

图 1-4-1　人体基准点及其对应位置

颈椎点——颈后第七颈椎棘突的最尖端位置。

颈侧点——该点位于颈侧根部，从侧面观察时，它大致位于颈根部宽度的中心点稍微偏后的位置。

肩峰点——也称肩端点，肩胛骨肩峰上缘向外最突出的点。

茎突点——指的是桡骨下端茎突的最尖端部位。

肘点——该点是尺骨上端向外最突出的部位，也是上肢在自然弯曲状态下最为突出的点。

胸乳点——即乳头的中心点。

二、人体测量部位

总体高——人体站立时，从头部顶点垂直至地面的直线距离。

身高——人体处于直立状态时，从颈椎的最上点到地面的垂直距离。

上体长——当人体处于坐姿时，从颈椎点到所坐椅面的垂直距离。

下体长——当人体处于坐姿时，从臀部最突出点到腰部平坦区域的垂直距离。

手臂长——从肩峰点延伸至手腕茎突点的直线距离。

上臂肘长——肩峰点至肘点的距离。

下肢长——用身高减去站立时上体（从脚底至颈椎点）的长度得出。

颈围——围绕颈部喉结下方水平位置一周的长度。

胸围——在乳头水平位置，沿胸部轮廓围绕一周的长度。

腰围——围绕腰部最细处水平位置一周的长度。

臀围——在臀部最丰满处水平围绕一周的长度。

肩宽——沿后背表面，从左肩峰点到右肩峰点的直线距离。

前胸宽——从右侧腋窝沿前胸表面量至左侧腋窝的距离。

后背宽——从右侧腋窝沿后背表面量至左侧腋窝的距离。

前腰节高——从颈侧点出发，经前胸最饱满处至腰围线的垂直距离。

后腰节高——从颈侧点出发，沿背部曲线至腰围线的垂直距离。

肩斜——颈椎点与肩峰点之间的垂直高度差异。

三、人体测量工具

（一）软尺

软尺是一种质地柔韧的尺子，主要由伸缩性较低的玻璃纤维材料精心打造。它被广泛应用于人体各项尺寸以及裁剪布料的长度测量中。尺子的双侧清晰地印有公制和英制（或其他适用的计量单位）刻度，便于精准读数，其标准长度设定为 150cm。

（二）角度测量仪

角度测量仪是专门用于测量人体各部位角度的精密仪器，如肩部的倾斜角度、背部的倾斜角度等，能够为精确评估身体姿态提供有力支持。

（三）身高测量工具

身高测量工具是用于测量人体身高、总体高度等纵向尺寸的工具，确保在评估人体纵向尺寸时提供准确的数据。

（四）距离测量仪

距离测量仪是用于精确测量人体任意两点之间直线距离的实用工具，为身体尺寸分析和评估提供了可靠的依据。

第五节　成品规格

服装号型是服装行业中一种常用的成品规格表示方式，它不仅是服装企业实现生产标准化的重要依据，也是服装设计师在制作服装时确定尺寸大小的必要参考。我国服装号型标准根据适用对象的不同，具体分为《服装号型 男子》（GB/T 1335.1—2008）、《服装号型 女子》（GB/T 1335.2—2008）、《服装号型 儿童》（GB/T 1335.3—2009）三种类型。

一、服装号型的定义

在服装号型中，“号”主要指的是人体的身高，这是决定服装长度的关键参数；而“型”则指的是人体的胸围或腰围，这是确定服装围度的核心参数。

二、人体体型的分类

根据人体胸围与腰围之间的差数，可以将人体体型划分为四大类，分别用Y、A、B、C这四个代号来表示，如表1-5-1所示。这种分类方法有助于更精确地匹配服装尺寸与人体特征，从而提供更加舒适的穿着体验。

表1-5-1　人体体型分类

体型分类代号	胸围与腰围之间的差数/cm
Y	17～22
A	12～16
B	7～11
C	2～6

三、服装号型的表示及应用

服装号型的表示方法是采用斜线将“号”与“型”分隔开，并在其后附加体型分类代号。

例如，上装的号型标注为“160/84A”。其中，“160”代表适合穿着者的身高参考值，一般适合身高为 158 ～ 162cm 的人穿着；“84”则代表胸围尺寸，适合胸围 82 ～ 85cm 的人穿着；而“A”则代表体型分类，适合胸围与腰围差值在 12 ～ 16cm 的人群。

又如，下装的号型标注为“160/68A”。这里的“160”同样表示适合身高为 158 ～ 162cm 的人穿着；“68”则代表腰围尺寸，适合腰围为 67 ～ 69cm 的人穿着；而“A”体型分类的适用条件与上装相同，即胸围与腰围的差值在指定范围内。这样的标注方式有助于消费者根据自己的身体尺寸和体型特征，选择更加合适的服装。

四、服装号型系列

服装号型系列是服装批量生产中制定的依据，也是消费者购买服装的参考。服装号型系列由各体型的中间体向两边递增或递减组成。身高档差为 5cm，胸围档差为 4cm，腰围档差为 2cm。身高档差与胸围、腰围档差搭配分别组成 5·4 或 5·2 服装号型系列，如表 1-5-2 至表 1-5-5 所示。

表 1-5-2　成年女子 5·4Y、5·2Y 服装号型系列

Y														
腰围 身高 胸围	145		150		155		160		165		170		175	
72	50	52	50	52	50	52	50	52						
76	54	56	54	56	54	56	54	56	54	56				
80	58	60	58	60	58	60	58	60	58	60	58	60		
84	62	64	62	64	62	64	62	64	62	64	62	64	62	64
88	66	68	66	68	66	68	66	68	66	68	66	68	66	68
92			70	72	70	72	70	72	70	72	70	72	70	72
96					74	76	74	76	74	76	74	76	74	76

表 1-5-3　成年女子 5·4A、5·2A 服装号型系列

A														
身高 腰围 胸围	145		150		155		160		165		170		175	
72			54	56	54	56	54	56						
76	58	60	58	60	58	60	58	60	58	60				
80	62	64	62	64	62	64	62	64	62	64	62	64		
84	66	68	66	68	66	68	66	68	66	68	66	68	66	68
88	70	72	70	72	70	72	70	72	70	72	70	72	70	72
92			74	76	74	76	74	76	74	76	74	76	74	76
96					78	80	78	80	78	80	78	80	78	80

表 1-5-4　成年女子 5·4B、5·2B 服装号型系列

B																
身高 腰围 胸围	145		150		155		160		165		170		175		180	
68			56	58	56	58	56	58								
72	60	62	60	62	60	62	60	62	60	62						
76	64	66	64	66	64	66	64	66	64	66	64	66				
80	68	70	68	70	68	70	68	70	68	70	68	70	68	70		
84	72	74	72	74	72	74	72	74	72	74	72	74	72	74	72	74
88	76	78	76	78	76	78	76	78	76	78	76	78	76	78	76	78
92	80	82	80	82	80	82	80	82	80	82	80	82	80	82	80	82
96			84	86	84	86	84	86	84	86	84	86	84	86	84	86
100					88	90	88	90	88	90	88	90	88	90	88	90
104							92	94	92	94	92	94	92	94	92	94

表 1-5-5　成年女子 5·4C、5·2C 服装号型系列

C																
身高 腰围 胸围	145		150		155		160		165		170		175		180	
68	60	62	60	62	60	62										
72	64	66	64	66	64	66	64	66								
76	68	70	68	70	68	70	68	70								
80	72	74	72	74	72	74	72	74	72	74						
84	76	78	76	78	76	78	76	78	76	78	76	78				
88	80	82	80	82	80	82	80	82	80	82	80	82				
92	84	86	84	86	84	86	84	86	84	86	84	86	84	86	84	86
96			88	90	88	90	88	90	88	90	88	90	88	90	88	90
100			92	94	92	94	92	94	92	94	92	94	92	94	92	94
104					96	98	96	98	96	98	96	98	96	98	96	98
108							100	102	100	102	100	102	100	102	100	102

第二章　女装原型的构成及其变化原理

女装原型是服装设计与制作中不可或缺的重要组成部分。根据人体工学与美学原理精心打造的基础服装模板，为后续的设计与创新提供了坚实的支撑。在保持原型基本结构稳定的基础上，设计师通过调整女装原型的大小、形状与位置，轻松实现款式的变换与创新。

第一节　女装原型的绘制方法

基础纸样是服装纸样设计的基础图形，它是结构最简单、能包含人体最基本部位尺寸、具有最大覆盖面的纸样。基础纸样被视为服装版型设计中的一个中间阶段，它并非服装版型图的最终呈现形式。通过运用旋转、剪切、折叠、增加放松量等一系列变形手法，并结合省道设计、褶裥应用、抽褶处理、结构分割以及联省成缝等多种结构技巧，设计师能够将基础纸样转化为所需的最终服装版型图。

一、女装原型各部位的名称

女装原型各部位的名称，如图 2-1-1 所示。

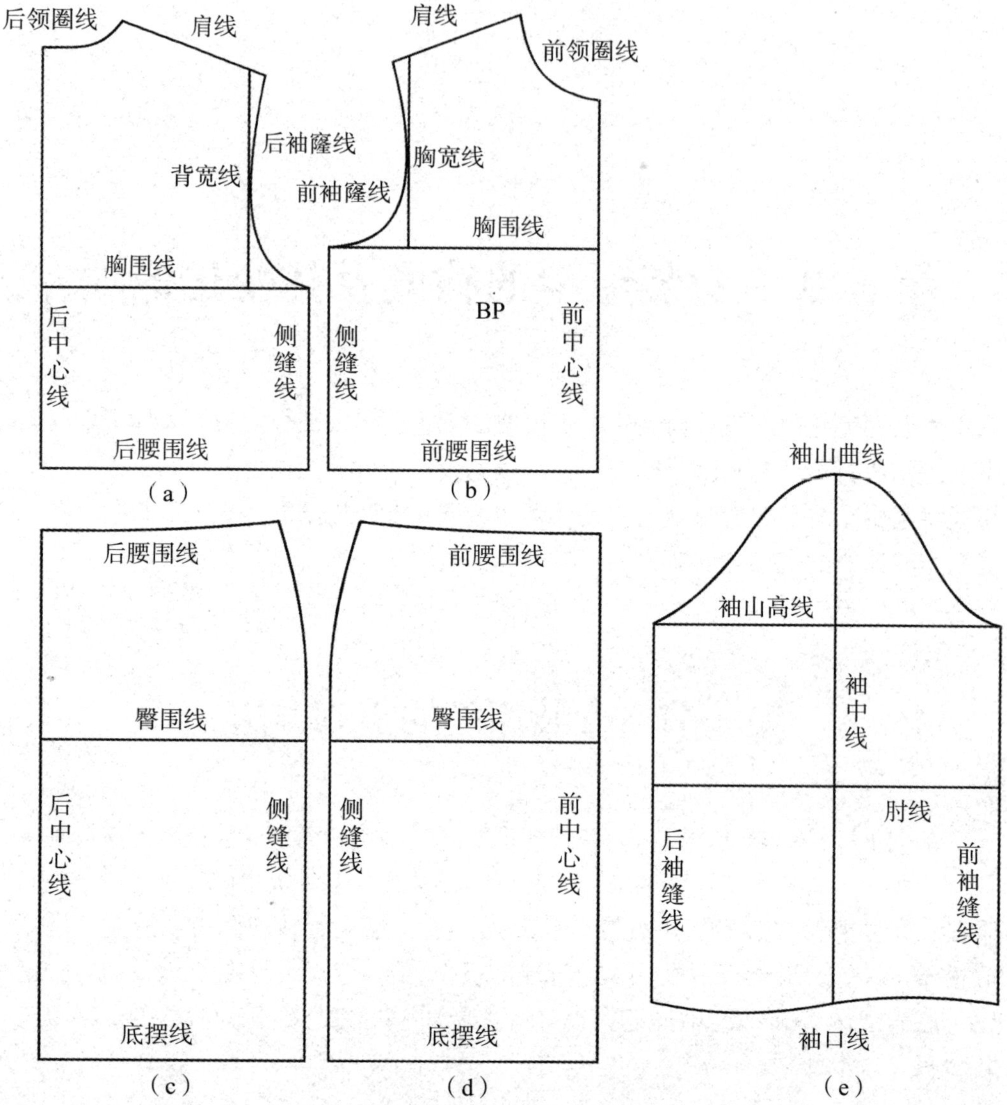

图 2-1-1　女装原型各部位的名称

二、女装原型绘制方法

（一）衣身原型绘制方法

例如，女装原型，规格选用 M 号型（中等尺寸），胸围（B）82cm，背长 38cm，绘制衣身原型时以胸围为基数，按照比例进行推算。

①绘制衣身原型基础线，如图 2-1-2 所示。先作长为背长、宽为 B/2+5 的长方形，胸围放松量为 5cm，确定前后中线、上平线、腰辅助线；计算 B/6+7 并作出袖窿深线，计算 B/6+3 并作出背宽线，计算 B/6+4.5 并作出胸宽线，确定前后片交界线。

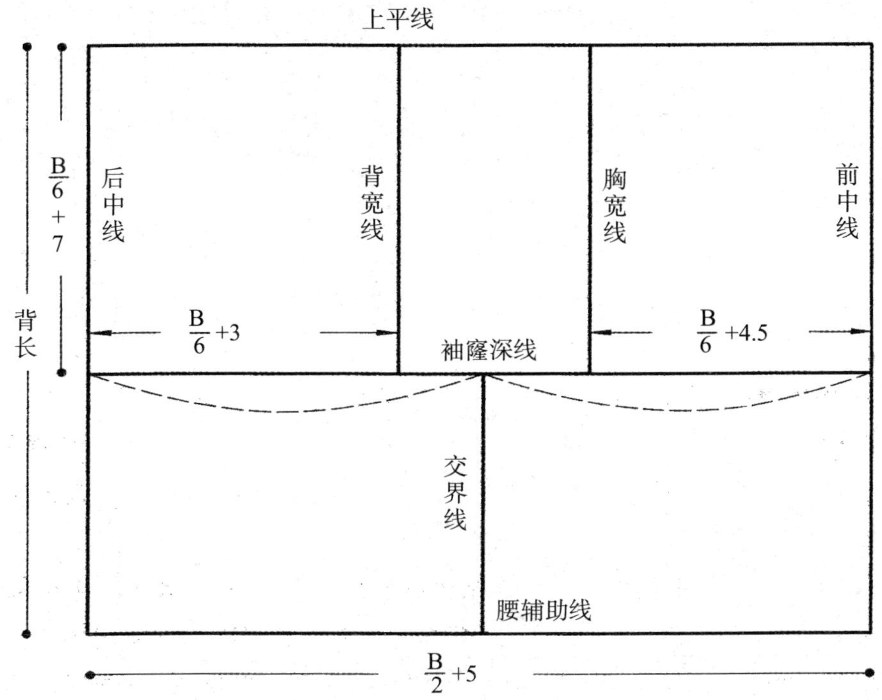

图 2-1-2　衣身原型基础线

②绘制后领圈线：首先确定后颈点作为基点，利用后领宽公式 B/12 计算出后领的宽度。接着，取后领宽的 1/3 作为后领的深度，并依据这些尺寸绘制出后领圈线。

③确定后肩线：在背宽线与上平线的交点处，向下量取与后领深相等的长度，再在此基础上作一个 2cm 的水平线段，从而确定后肩点的位置。然后，将后侧颈点与后肩点用线条连接起来，形成后肩线。需要注意的是，后肩线中包含了 1.5cm 的肩胛省。

④绘制前领圈线：前领的宽度设置为后领宽减去 0.2cm，而前领的深度则为后领宽加上 1cm。依据这些尺寸，绘制出前领窝的曲线形状。

⑤确定前肩线：在胸宽线上量取两倍的后领宽作为前落肩的量度。接着，计算出前肩宽，其值为后肩宽减去 1.5cm，从而确定前肩点的位置。然后，在领宽线上向下量取 0.5cm 作为前侧颈点的位置，最后连接前侧颈点和前肩点，形成前肩线。

⑥绘制袖窿深线：如图 2-1-3 所示，确定前后腋弯点以及前后分界点的位置。用流畅的曲线连接这些点，完成袖窿深线。同时，按照图示确定前后符合点的位置。

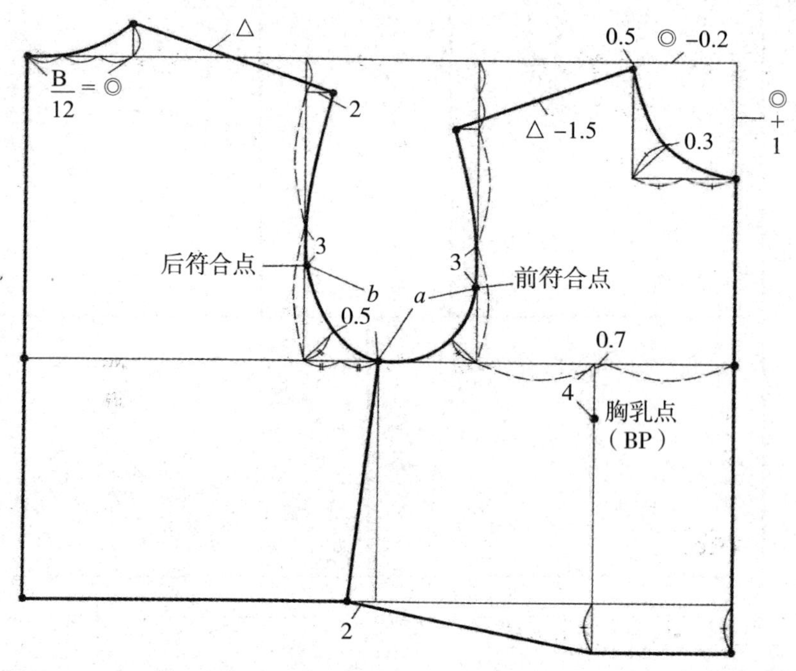

图 2-1-3　衣身原型版型

⑦作胸乳点（BP）、腰围线和侧缝线。首先，在前片袖窿曲线上定位胸宽的中点，以此为起点，向侧缝方向偏移 0.7cm 并作一条垂线。接着，在这条垂线上向下量取 4cm 的位置，标记为胸乳点（BP）。然后，从胸乳点垂直向下延伸，直至腰围线以下，其延伸长度等于前领宽的一半。同时，前中线也相应地向下延伸，延伸长度同样为前领宽的一半。

确定前后片的交界线与腰围线的交点。从该交点出发，沿着腰围线向后中心方向量取 2cm，这个点即侧缝线与腰围线的交点。最后，根据这些关键点，分别绘制出腰围线和侧缝线。

（二）袖子原型绘制方法

袖子原型版型如图 2-1-4 所示。例如，女装上衣原型，规格选用 M 号型，袖长（SL）52cm，袖窿长（AH）从已完成的上衣原型中测得，前 AH 为 20.5cm，后 AH 为 21cm。

①作基础线。先作十字线，从十字线交点向上取 AH/3 为袖山顶点，从袖山顶点向下取袖长尺寸，由袖山顶点向左、右各取后 AH/2 和前 AH/2–1，以确定袖肥。完成前后袖缝线、袖口线和袖肘线。

②作袖山曲线。按前袖山辅助线的四等分比例确定袖山曲线的凹凸点，前袖山曲线的转折点在四等分的中点处向下移 1cm，用圆顺曲线绘制袖山曲线。

③作袖口曲线。完成前凹后凸的袖口曲线。

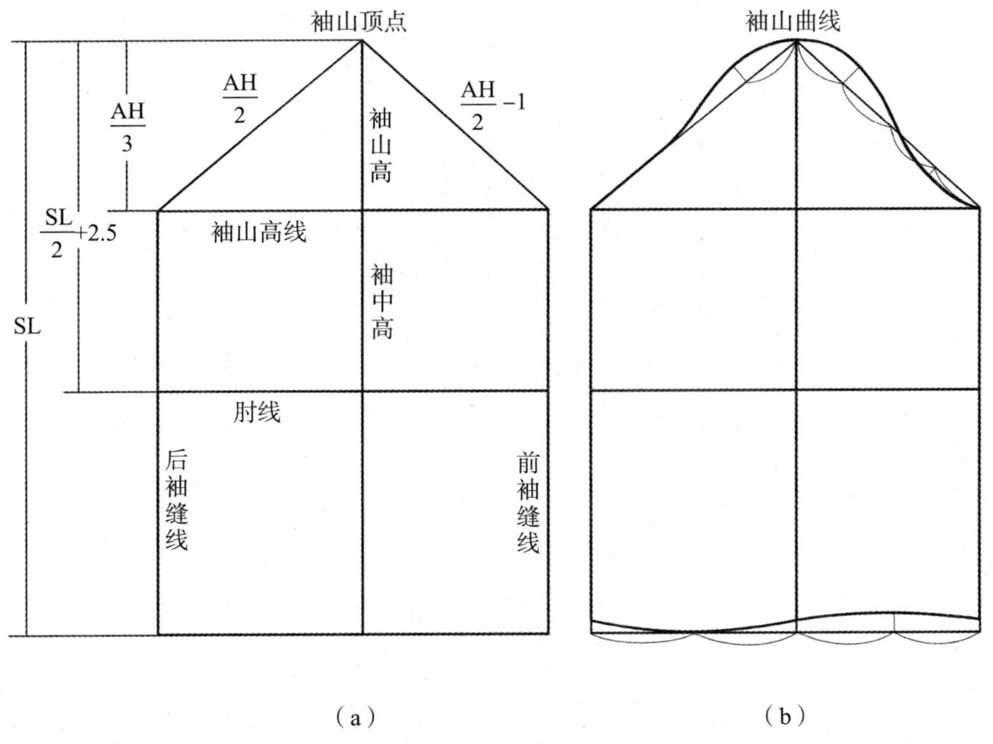

图 2-1-4　袖子原型版型

（三）裙装原型绘制方法

裙装原型版型如图 2-1-5 所示。以女装规格 M 为例进行绘制，相关数据：腰围（W）68cm，臀围（H）90cm，腰长 18cm，裙长标准长度（SL）58cm。

①作长为 SL−4、宽为 H/2 的长方形，根据腰长尺寸确定臀围线，在臀围线的中间向后中 1cm 处作垂线为前后交界线。

② W/4+1（放松量）+3（省量），确定前裙腰的基本尺寸点。W/4−1（放松量）+3（省量），确定后裙腰的基本尺寸点。将基本尺寸点至腰围线与前后交界点部分三等分，其中两等分处提高 0.7cm 作为前后侧缝线的起点，绘制前后侧缝线，并作出前后腰围线，完成裙装原型。根据亚洲女性的体型特点，裙装后中心线处裙腰需挖去 1.5cm。

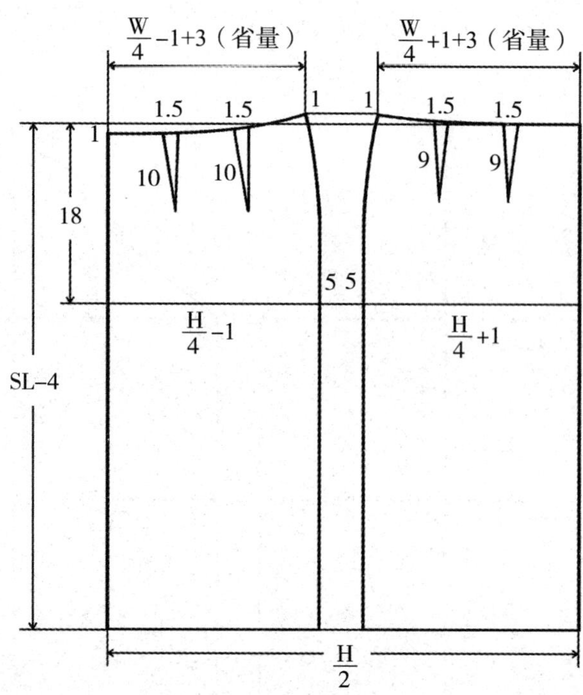

图 2-1-5　裙装原型版型

第二节　省道设计

一、省道设计原理

平面衣料包覆在人体复杂的曲面上会形成多余量，设计成衣时将其缝成暗褶，称为“省道”。不同特征的凸点形成的省道形状不同：胸省位于明显的胸凸部位，省尖位置明确，省量较大；当肩胛骨凸起面积较大时，肩胛省的尖端表现可能不那么显著；而腹部和臀部的凸起则呈现出带状且分布均匀的特点，其具体位置相对模糊。因此，在设计腰省和臀省时，设计师拥有较大的灵活性。腰省和臀省的个数、省尖的指向以及省的具体位置等，均可以根据实际的设计需求进行相应的调整。

二、省道转移原理

如图 2-2-1 所示，前衣片胸省尖端集中于 BP 点，以 BP 点为中心，360° 范围内均可设计省位，以省道开口端不同位置来命名，如腰省、肋省、袖窿省、肩省和领口省，这些省道位置不同，而且可以相互转移，由此得到不同立体效果的设计款式。

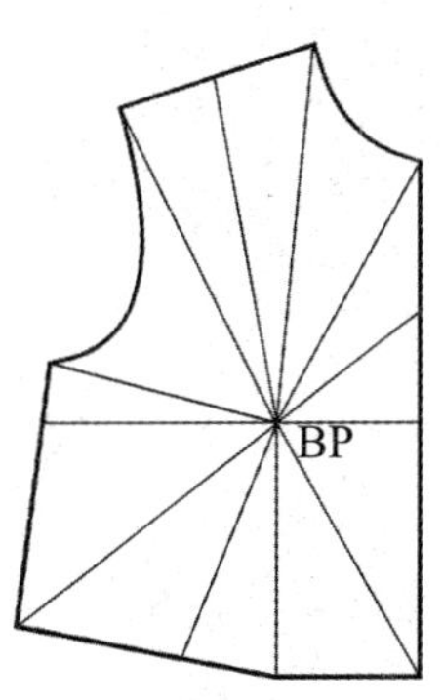

图 2-2-1　胸省位置

省道在转移的过程中其夹角保持不变，由于省长在不同位置时会有所变化，夹角所对应的省道开口的大小也可能变化，故用角度来表示省道的大小似乎更准确些。在进行服装版型设计时，人们习惯用长度来表示省道的大小，因为其更简捷方便。理论上的胸省及其转移必须通过 BP 点，实际运用中需缩短 2 ～ 3cm，以适合胸部类似球面的形态。腋下省为了隐蔽而设计得较短，一般超出胸宽线 3cm 左右，如图 2-2-2 所示。

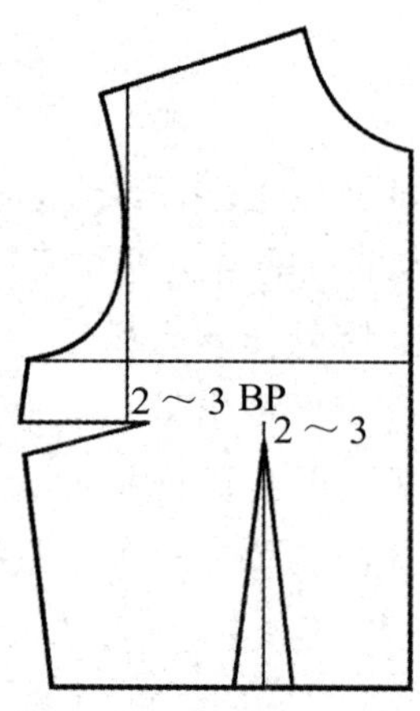

图 2-2-2　其他省道位置

后衣片肩胛省以肩胛凸点为中心，肩胛点上方 180° 左右均可设计省位。由于肩胛省的省量只有 1.5cm，所以不存在省道的分解设计，如图 2-2-3 所示。

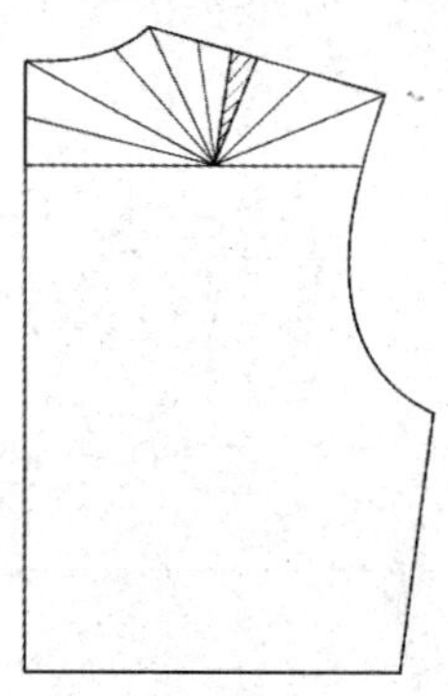

图 2-2-3　肩胛省位置

三、省道转移方法

省道转移方法有三种：剪贴法、旋转法和作图法。服装版型设计中常用剪贴法和旋转法两种。

（一）剪贴法

在原型上确定新省道的位置，剪开新省道处，贴合原省道两条边，新省处打开呈缺口状态，即转移后的省道，如图 2-2-4 所示。

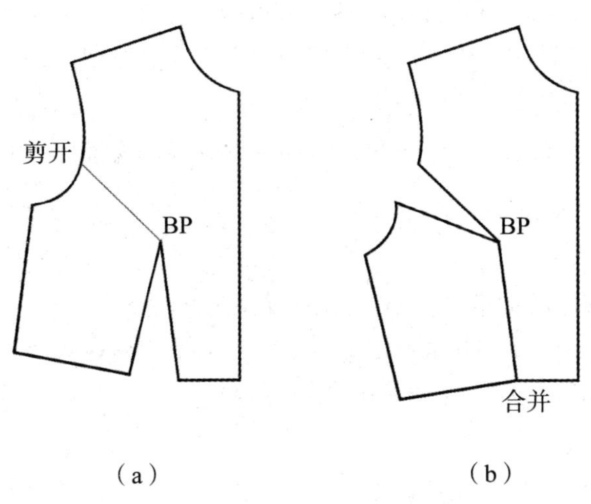

图 2-2-4　剪贴法

（二）旋转法

根据款式图设计新省位，新省位和原省位将原型外轮廓分成两部分，先绘制其中一部分的轮廓线，以 BP 点为圆心，旋转纸样将原型的原省位合并，再绘制原型另外一部分的轮廓线，然后绘制成新省道，如图 2-2-5 所示。

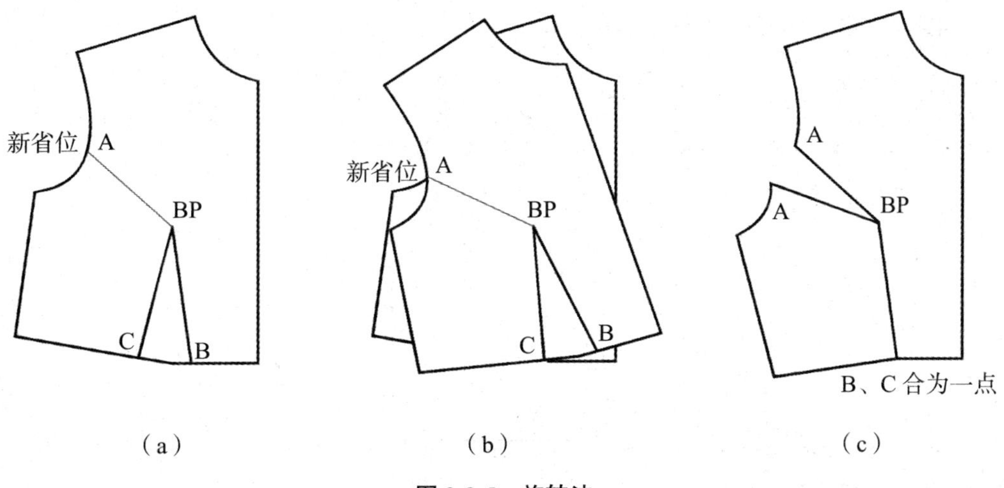

图 2-2-5　旋转法

四、过 BP 点省道转移及未过 BP 点省道转移

（一）过 BP 点省道转移

在实际服装版型设计中使用较多的省道设计是省道的部分转移，将原省道分解成不同位置的两个甚至多个省道，形成柔和的服装曲面造型。若同一个位置省道设计过大会造成服装外观生硬，并影响布纹状态。一般情况下，部分省道转移是将前片原型斜向的腰线移成水平，原省量未转移的部分则作为腰部的放松量保留。

1. 侧颈省设计

（1）原型法

①根据款式图设计新省道位置 A 点，连接 BP 点和 A 点。

②剪开新省道 BPA，合并原省道，将原型斜向腰围线移至水平即可，腰部设计一定的放松量，由于新省道位置张开一定的角度，新省道的另一条边为 BPA′。

③修整新省道。省尖距离 BP 点 2 ～ 3cm，连接省尖与开口端的 A 点、A′ 点。

（2）旋转法

①根据款式图设计新省道位置 A 点。

②绘制原型外轮廓的 A 至 B 部分，前中线用点画线绘制。

③以 BP 点为中心转动原型，使斜向腰围线部分与水平线重合，再绘制 A′ 点至 B′ 点，腰围线上保留 BB′ 放松量。

④修整新省道。省尖距离 BP 点 2 ～ 3cm，连接省尖与开口端的 A 点、A′ 点。

侧颈省设计示意，如图 2-2-6 所示。

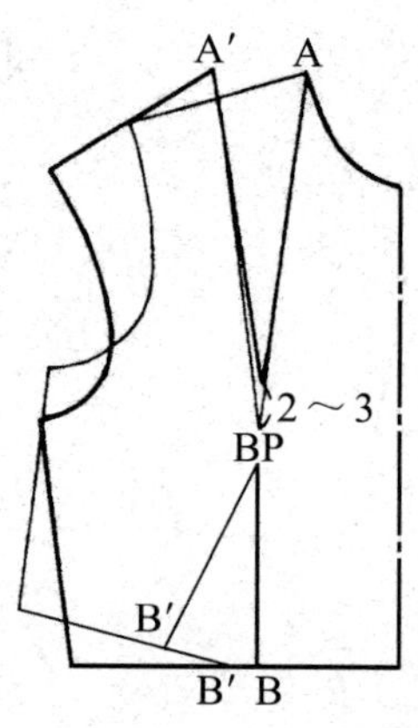

图 2-2-6　侧颈省设计示意

2. 胁腰省设计

（1）原型法

①根据款式图设计新省道位置 A 点，连接 BP 点和 A 点。

②剪开新省道 BPA，合并原省道，将原型斜向腰围线移至水平即可，腰部设计一定的放松量，由于新省道位置张开一定角度，新省道的另一条边为 BPA′。

③修整新省道。胁省尖端确定以胸宽线为基础，从胸宽线延伸出 2.5 ～ 3cm 作为胁省尖端，连接省尖与开口端的 A 点、A′ 点；腰省尖距离 BP 点 2 ～ 3cm，连接省尖与开口端的 B 点、B′ 点。

（2）旋转法

①根据款式图设计新省道位置 A 点。

②绘制原型外轮廓的 A 至 B 部分，前中线绘制点画线。

③以 BP 点为中心转动原型，使斜向腰围线部分与水平线重合，再绘制 A′ 点至 B′ 点，腰围线上保留 BB′ 放松量。

④修整新省道。以胸宽线为基础，从胸宽线延伸出 2.5 ～ 3cm 作为胁省尖端，连接省尖与开口端的 A 点、A′ 点；腰省尖距离 BP 点 2 ～ 3cm，连接省尖与开口端的 B 点、B′ 点。

胁腰省设计示意，如图 2-2-7 所示。

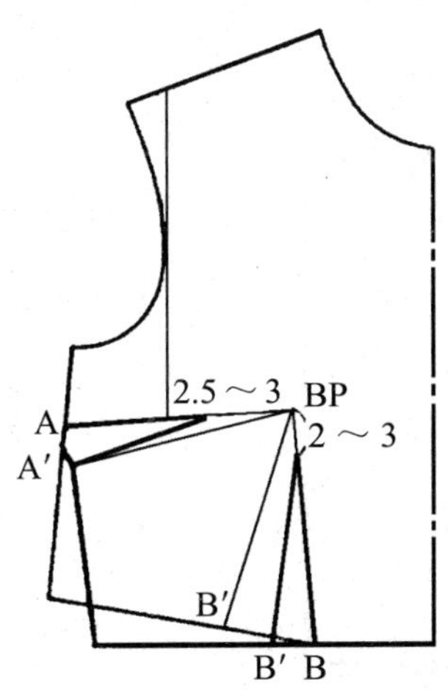

图 2-2-7 胁腰省设计示意

3. 肩胁省设计

（1）原型法

①根据款式图设计新省道位置 A 点，连接 BP 点和 A 点、BP 点和 B 点。

②剪开新省道 BPA、BPB，合并原省道，将原型斜向腰围线移至水平即可，腰部设计一定的放松量，两个新省道另一条边分别为 BPA′、BPB′。

③修整新省道。以胸宽线为基础，从胸宽线延伸出 4cm 左右作为肩省尖端，连接省尖与开口端的 A 点、A′ 点；胁省尖距离 BP 点 2.5 ～ 3cm，连接省尖与开口端的 B 点、B′ 点。

（2）旋转法

①根据款式图设计新省道位置 A 点、B 点。

②绘制原型外轮廓的 A 至 C 部分，前中线用点画线绘制。

③原省道分两次转移至设计省道内。以 BP 点为中心转动原型，使斜向腰围线部分与水平线有一定夹角，绘制 A′ 点至 B 点；以 BP 点为中心再转动原型，使斜向腰围线部分与水平线重叠，绘制 B′ 点至 C′ 点，腰围线上保留 CC′ 放松量。

④修整新省道。肩省尖距离 BP 点 4cm 左右，连接省尖与开口端的 A 点、A′ 点；胁省尖端确定以胸宽线为基础，从胸宽线延伸出 2.5 ～ 3cm 作为胁省尖端，连接省尖与开口端的 B 点、B′ 点。

肩胁省设计示意，如图 2-2-8 所示。

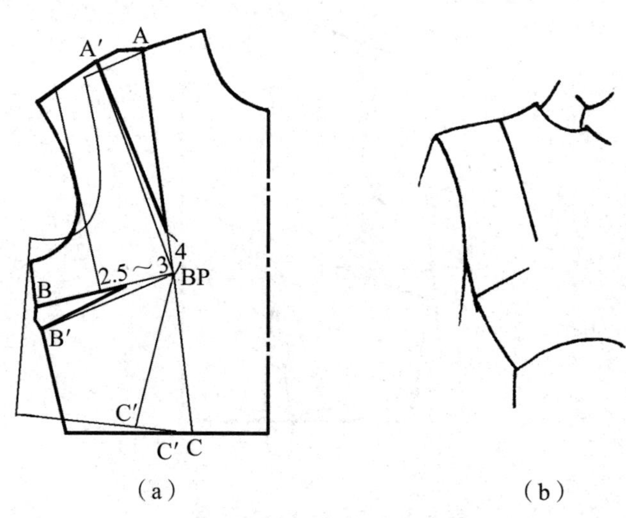

图 2-2-8　肩胁省设计示意

（二）未过 BP 点省道转移

1. 领口省转移

①根据款式图设计新省道位置 A 点、B 点。

②设计辅助省道位置 C 点，合并原省道，将原省道部分省量移至辅助省 C 处，连接 BP 点和 C 点、BP 点和 C′ 点。

③设计新省道。根据设计的新省道方向，将新省道位置的 A 点、B 点连接至辅助省道的 BPC 边上，形成 ABP、BB′ 两条省道边。

④剪开 ABP、BB′，合并辅助省道，两个新省道另一条边分别为 A″ BP、B″ B′。

⑤修整新省道。确定设计省的尖端，连接设计省尖与开口端。

领口省转移示意，如图 2-2-9 所示。

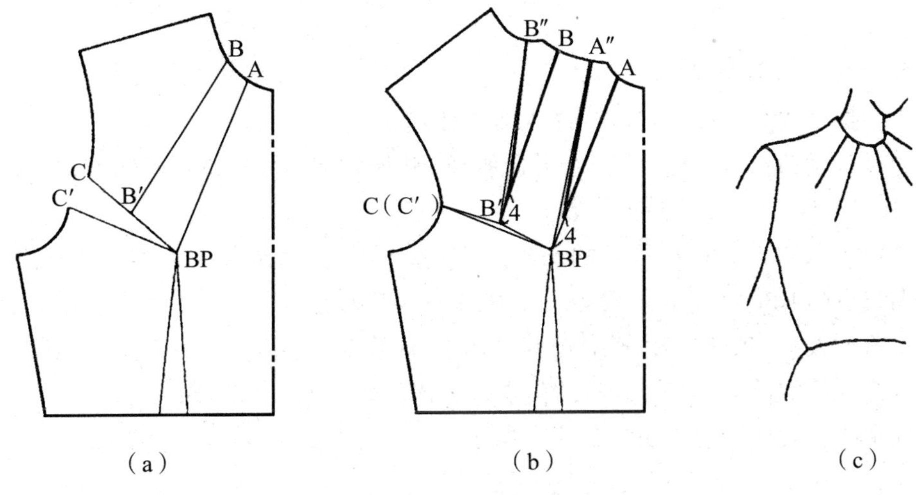

图 2-2-9　领口省转移示意

2. 胁省转移

①根据款式图设计新省道位置 A 点、B 点。

②设计辅助省道位置 C 点，合并原省道，将原省道部分省量移至辅助省 C 处，连接 BP 点和 C 点、BP 点和 C′ 点。

③设计新省道。根据设计的新省道方向，将新省道位置的 A 点、B 点连接至辅助省道的 BPC 边上，形成 AA′ 、BBP 两条省道边。

④剪开 AA′ 、BBP，合并辅助省道，两个新省道另一条边分别为 A″ A′ 、B″ BP。

⑤修整新省道。确定设计省的尖端，连接设计省尖与开口端。

胁省转移示意，如图 2-2-10 所示。

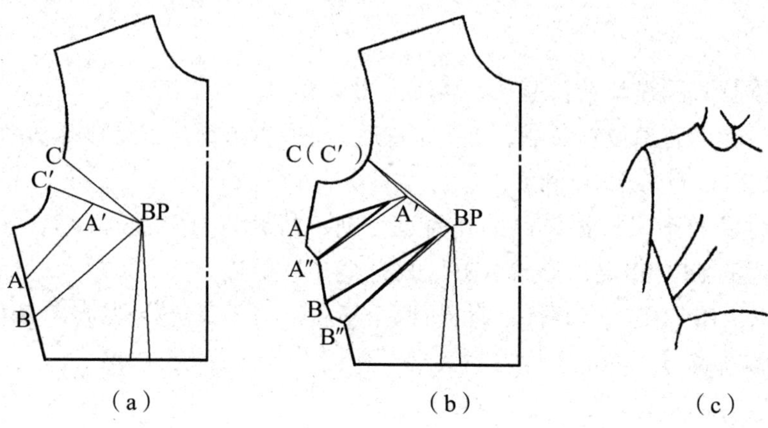

图 2-2-10　胁省转移示意

3. 前中心省转移

①根据款式图设计新省道位置 A 点、B 点。

②设计辅助省道位置 C 点，合并原省道，将原省道部分省量移至辅助省 C 处，连接 BP 点和 C 点、BP 点和 C′ 点。

③设计新省道。根据设计的新省道方向，将新省道位置的 A 点、B 点连接至辅助省道的 BPC 边上，形成 AA′、BBP 两条省道边。

④剪开 AA′、BBP，合并辅助省道，两个新省道另一条边分别为 A″ A′、B″ BP。

⑤修整新省道。确定设计省的尖端，连接设计省尖与开口端。

前中心省转移示意，如图 2-2-11 所示。

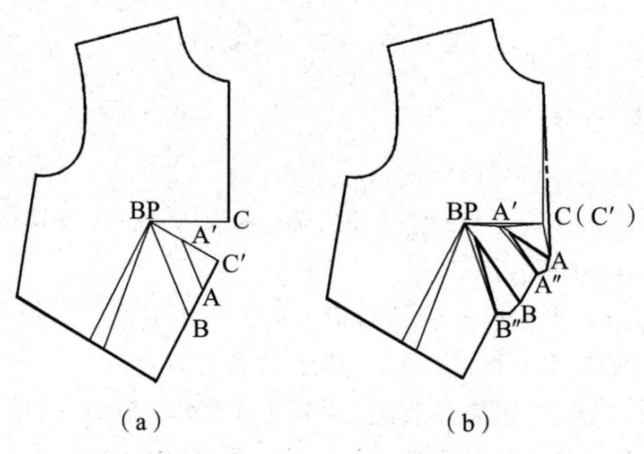

图 2-2-11　前中心省转移示意

4. 肩省转移

①根据款式图设计新省道位置 A 点、B 点、C 点。

②设计辅助省道位置 D 点，合并原省道，将原省道部分省量移至辅助省 D 点，连接 BP 点和 D 点、BP 点和 D′ 点。

③设计新省道。根据设计的新省道方向，将新省道位置的 A 点、B 点、C 点连接至辅助省道的 BPC 边上，形成 ABP、BB′、CC′ 三条省道边。

④剪开 ABP、BB′、CC′，合并辅助省道，两个新省道另一条边分别为 A″ BP、B″ B′、C″ C′。

⑤修整新省道。确定设计省的尖端，连接设计省尖与开口端。

肩省转移示意，如图 2-2-12 所示。

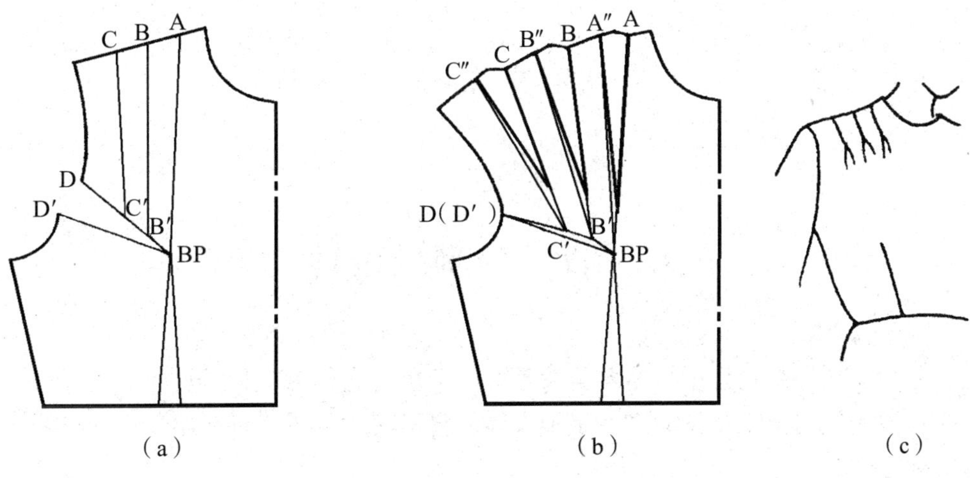

图 2-2-12 肩省转移示意

5. 褶裥

在女装版型设计中，有时会用褶裥代替省道，将省量大小的面料折叠进去，省尖不缝合，呈现出轻松自然的效果，褶裥适合较宽松式和宽松式服装设计。

①根据款式图设计褶裥位置 A 点。

②将原省道部分转移至 A 点，原型斜向腰围线转移至水平即可，A 点位置形成所设计的褶裥。

③修整褶裥。

图 2-2-13 为褶裥示意。

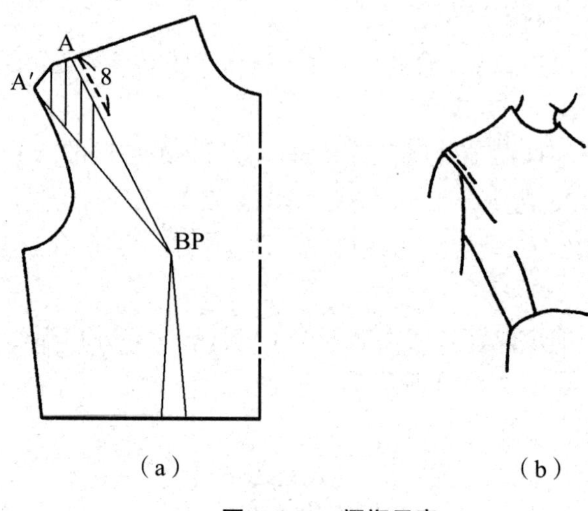

图 2-2-13 褶裥示意

第三节 分割线设计

分割线在服装设计中扮演着至关重要的角色，它作为一种常见的造型手法，能够巧妙地利用视觉错觉原理，重塑人体的自然轮廓，进而打造出理想的身材比例与完美造型。

一、分割线设计的核心理念

（一）分割线形态设计

分割线设计与省道设计有着异曲同工之妙，可以被视为省道设计的多样化表现形式。与省道相比，分割线的形式更加多变，涵盖了横向、竖向、斜向以及直线、曲线等多种形态。通过线条的起承转合，可以创造出丰富多样的服装款式。

（二）分割线位置规划

在规划分割线的位置时，设计师需要综合考虑服装款式的需求以及分割线所承载的功能特性，同时紧密结合人体结构特征来确定分割线的具体位置。

（三）分割线数量确定

分割线数量的多少直接影响着服装的可塑性和合体程度。增加上衣的分割线数量，能够更好地塑造出胸凸、肩胛凸、臀凸以及腰部凹陷等女性曲线特征，从而充分展现出女性的曲线美。通过巧妙的分割线设计，服装不仅能够满足基本的穿着需求，更能够成为展现个人魅力与风格的时尚单品。

二、上衣分割线的设计规律

（一）通过 BP 点分割线

①依据款式图中所标示的分割线位置，决定省道转移的具体实施方法。

②将原省道部分转移至分割线内，原型斜向腰围线转移至水平即可。

③修整分割线。

通过 BP 点分割线示意与装饰分割线示意，如图 2-3-1 与图 2-3-2 所示。

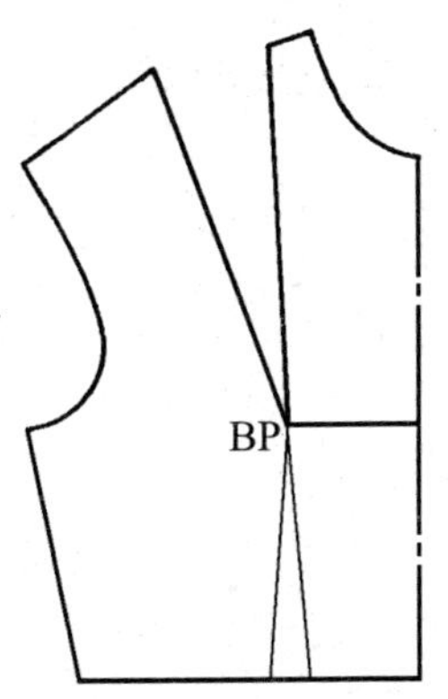

图 2-3-1　通过 BP 点分割线示意　　图 2-3-2　装饰分割线示意

（二）不通过 BP 点分割线

①根据款式图确定分割线位置 AB。

②作辅助线 BPC。从 BP 点向分割线作垂线，交点为 C 点，使原省道与分割线相关联。

③剪开分割线 AB 和辅助线 BPC，将原省道部分转移至分割线内，原型斜向腰围线转移至水平即可。

④修整分割线。修顺分割线 AB、AB′。

不通过 BP 点分割线示意，如图 2-3-3 所示。

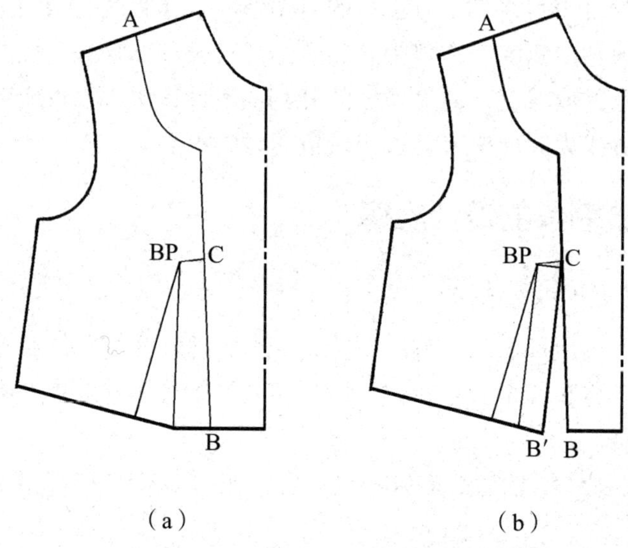

图 2-3-3　不通过 BP 点分割线示意

第三章　裙装版型原理与设计

裙装版型设计深植于对服饰美学的精准把握与人体工学的深刻理解，设计师通过细致入微的测量与分析，巧妙地将女性的身体曲线转化为裙装的灵魂线条，从而确保了裙装的适体性与美观性。

第一节　裙装版型原理

一、裙装的功能性设计

（一）腰部设计

在人体直立且自然呼吸的状态下所测得的腰围尺寸即净尺寸。人体在不同姿势下腰围会发生一定变化，从生理学角度讲，人体腰部周长缩小 2cm 时，人体不会产生强烈的压迫感，所以腰部设计的放松量可控制在 0 ～ 2cm。表 3-1-1 为人体不同姿势下腰围平均增量。

表 3-1-1　人体不同姿势下腰围平均增量

姿势	动作范围	腰围平均增量 /cm
正常直立	45° 前屈	1.1
	90° 前屈	1.8
坐在椅子上	正坐	1.5
	90° 前屈	2.7

续表

姿势	动作范围	腰围平均增量 /cm
席地而坐	正坐	1.6
	90° 前屈	2.9

（二）臀部设计

臀围尺寸是人体在保持直立姿势时，围绕臀部最宽处所测得的水平围度，它代表了个体的净尺寸。臀围的放松量对于裙装的造型风格有着直接影响：对于设计宽松的裙装，其放松量的大小可以相对灵活，限定不必过于严格；而对于追求合体的裙装设计，臀围的放松量则需细致考量，兼顾穿着者的体型特征以及日常活动的变化范围。人体在不同姿势时臀围会发生一定变化，为满足人体不同姿势的需要，臀部放松量设计最小值为 4cm。表 3-1-2 为人体不同姿势下臀围平均增量。

表 3-1-2　人体不同姿势下臀围平均增量

姿势	动作范围	臀围平均增量 /cm
正常直立	45° 前屈	0.6
	90° 前屈	1.3
坐在椅子上	正坐	2.6
	90° 前屈	3.5
席地而坐	正坐	2.9
	90° 前屈	4.0

（三）裙摆设计

裙装的摆围尺寸对穿着者进行各类活动具有直接影响。具体而言，在臀围线以下，每当裙长增加 10cm 时，裙子的每个 1/4 侧缝处的下摆都需要相应地扩展 1 ～ 1.5cm，以确保穿着的舒适度。如果裙装的摆围小于所需的最小值，那么就需要通过设计褶裥或开衩等方式，来增加裙摆的活动量，从而弥补摆围不足对穿着活动造成的限制。表 3-1-3 为人体不同姿势下膝围增量。

表 3-1-3　人体不同姿势下膝围增量

姿势	动作范围	膝围增量 /cm
一般步行	65	82 ～ 109
大步步行	73	90 ～ 112
一般登高	20	98 ～ 114
两台阶登高	40	126 ～ 128

二、裙省设计

人体臀凸低于腹凸，腹凸省道长度在中腰围线附近，为 8 ～ 9cm，臀凸省道长度在中腰围线与臀围线之间，为 11 ～ 13cm，每个裙省一般控制在 1.5 ～ 3cm，省量过小起不到收省的效果，过大会使省尖过于尖凸。侧缝部位应控制在 0.5 ～ 3cm，其他部位一般控制在 0.5 ～ 2cm，最大不超过 2.5cm。从服装制作工艺方面考虑，省量越大省长设计越长，省量越小省长设计越短。

三、裙装的分类

（一）按裙长划分

①迷你裙：裙长较短，通常位于大腿上方。

②及膝裙：裙长达到穿着者膝盖位置。

③长裙：裙长超过膝盖，但不及地面。

④拖地长裙：裙长拖地，覆盖部分或全部脚部。

（二）按腰位划分

①高腰裙：腰围线位于自然腰围线上方。

②低腰裙：腰围线位于自然腰围线下方。

③无腰裙：无明显腰围线设计。

④有腰带裙：配备腰带以强调腰部线条。

⑤宽腰带裙：腰带宽度较宽，突出腰部设计。

⑥连腰裙：腰部与裙身相连，无明显分界。

（三）按片数划分

①一片裙：由单片布料制成。

②两片裙、四片裙、六片裙、八片裙：分别由两片、四片、六片、八片布料拼接而成。

③多片裙：由多于八片的布料拼接而成。

（四）按外形划分

①直身裙：裙身线条笔直，无多余褶皱。

②窄裙：裙身紧致，贴合身体曲线。

③ A 字裙：裙摆从上到下逐渐展开，形如字母 A。

④斜裙：裙摆呈倾斜状。

⑤圆裙：裙摆呈圆形。

⑥阶梯裙：裙摆呈阶梯状，层次分明。

⑦螺旋裙：裙摆呈螺旋状。

⑧罗马裙：具有古罗马风格的裙装，通常裙摆较大。

⑨鱼尾裙：裙摆前短后长，形似鱼尾。

（五）按褶裥划分

①顺褶裙：褶裥顺着一个方向排列。

②对褶裙：褶裥成对出现，左右对称。

③活褶裙：褶裥可自由展开或收缩。

④碎褶裙：褶裥细小且密集。

⑤波褶裙：褶裥呈波浪状。

⑥立体褶裙：褶裥具有三维立体感。

第二节　裙装版型设计

一、紧身裙（A 字裙）

（一）成品规格设计

以 160/68A 号型为例。

裙长：L=0.4× 号 +6=70。

腰围：W= 型 +2=70。

臀围：H=H*（净）+（4 ～ 6）=96。

（二）版型图绘制方法

①绘制出腰围线、底摆线、臀围线以及前后中心线和侧缝线等一系列基础线条。

②确定前腰省道大小，绘制前腰口线，画出前腰省道。

③确定后腰省道大小，绘制后腰口线，画出后腰省道。

④完成裙装轮廓线。

A 字裙版型图，如图 3-2-1 所示。

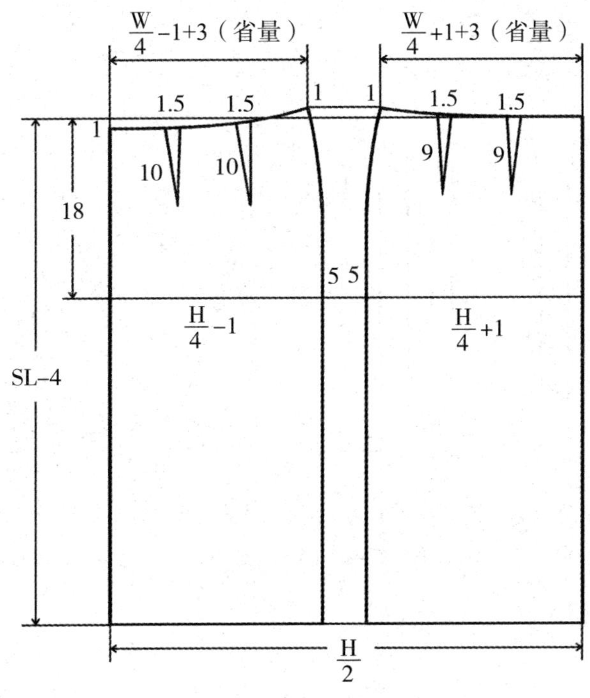

图 3-2-1 A 字裙版型图

二、斜裙

斜裙通过增加裙摆的扩展量来形成其独特造型，其设计灵感源自紧身裙。在斜裙制作过程中，运用了裙省转移的原理，将原本用于塑造紧身效果的省量全部转移至裙摆部分，从而实现了裙摆的扩展，使斜裙更为宽松飘逸。

（一）成品规格设计

以 160/68A 号型为例。

裙长：L=0.4× 号 +6=70。

腰围：W= 型 +2=70。

臀围：H=H*（净）+（4 ～ 6）=96。

（二）版型图绘制方法

①绘制裙装原型。

②从省道尖端作底摆线垂线，作为拉展辅助线。

③剪开辅助线，合并省道。

④完成裙装轮廓线。

斜裙版型图，如图 3-2-2 所示。

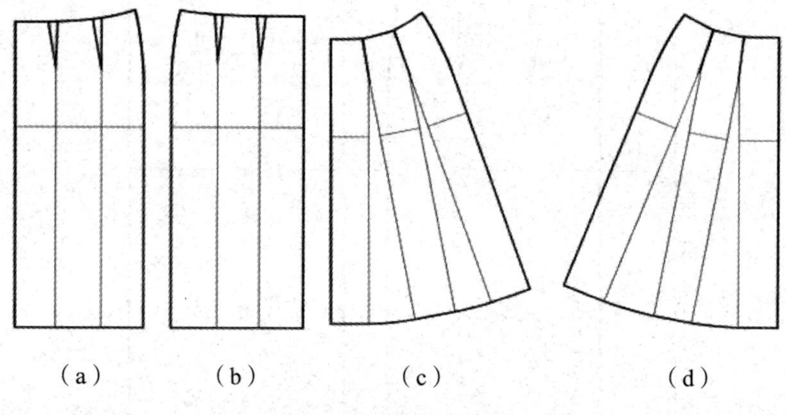

（a）　（b）　（c）　（d）

图 3-2-2　斜裙版型图

三、圆裙

设计半圆裙和全圆裙时，采用几何图形的半圆和全圆来设计。圆裙随裙片的数量及裙摆的大小而变化，裙片数量有一片、两片、六片等，每片裙的裙摆大小可通过裙片圆心角表示，有 45°、90°、120°、150°、360° 等。

圆裙半径 $r=\dfrac{180°\times W}{\pi_N\theta}$（N 为裙片数，r 为腰围半径，W 为腰围，θ 为裙片圆心角）。

（一）成品规格设计

以 160/68A 号型为例。

裙长：L=0.4× 号 +6=70。

腰围：W= 型 +2=70。

臀围：H=H*（净）+（4 ～ 6）=96。

（二）版型图绘制方法

①以 O 为圆心，r 为半径画弧。

②以 O 为圆心，r+（L– 腰宽）为半径画弧。

③圆心角为 θ 的扇面形，两条母线 L1 和 L2 与两弧所围成扇面形为裙片的基本形。

④修顺腰口线及裙摆线。

⑤将腰侧点、后腰点、前腰点按裙原型调整、修顺。裙摆斜丝部位适当裁短 2 ～ 3cm，再修顺裙摆。

圆裙版型图，如图 3-2-3 所示。

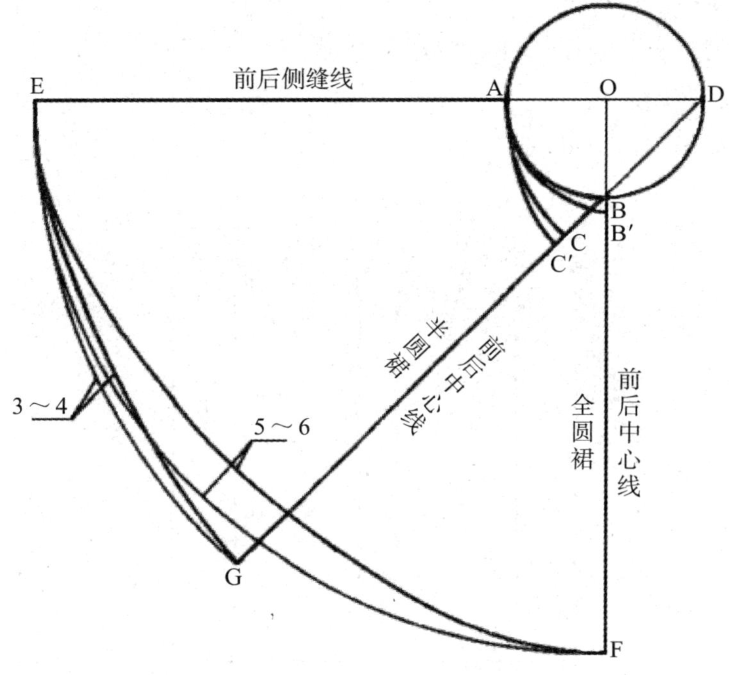

图 3-2-3　圆裙版型图

由于半圆裙和全圆裙的面料在斜丝方向的悬垂性相较于直丝和横丝方向更为优越，因此在设计裙摆时，需在斜丝方向进行适当的收拢。半圆裙的裙摆应向内收进 3 ～ 4cm，而全圆裙的裙摆则需向内收进 5 ～ 6cm，以确保裙装的整体美观度与穿着效果。

四、分割裙

（一）六片裙

1. 成品规格设计

以 160/68A 号型为例。

裙长：L=0.4× 号 +6=70。

腰围：W= 型 +2=70。

臀围：H=H*（净）+（4 ～ 6）=96。

2. 版型图绘制方法

①绘制裙装原型。

②画出分割线位置。

③将省设计在分割线及侧缝线处。

④完成裙装轮廓线。

六片裙版型图，如图 3-2-4 所示。

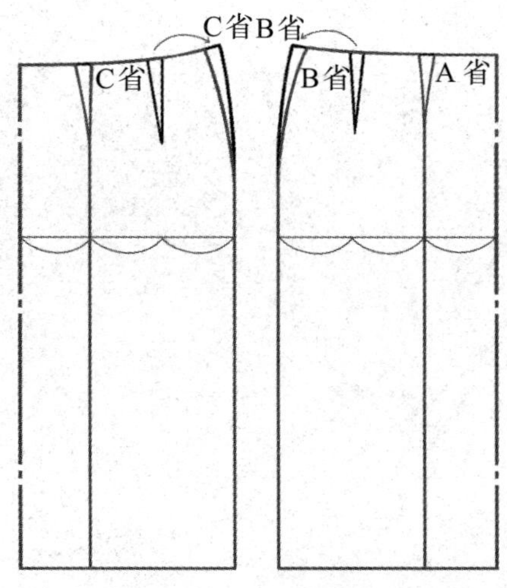

图 3-2-4　六片裙版型图

（二）八片裙

1. 成品规格设计

以 160/68A 号型为例。

裙长：L=0.4× 号 +6=70。

腰围：W= 型 +2=70。

臀围：H=H*（净）+（4 ～ 6）=96。

2. 版型图绘制方法

①绘制裙装原型。

②画出分割线位置。

③将省设计在分割线及侧缝线处。

④完成裙装轮廓线。

八片裙版型图，如图 3-2-5 所示。

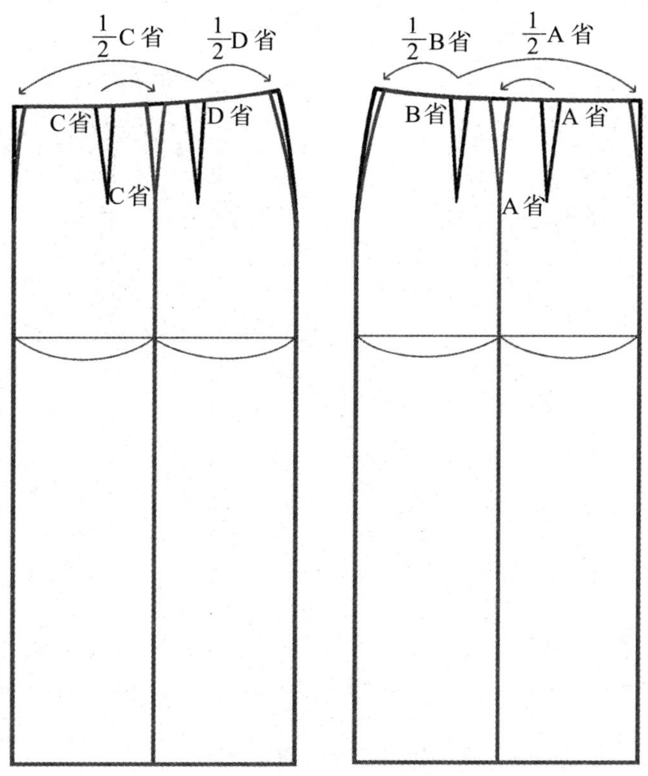

图 3-2-5　八片裙版型图

（三）鱼尾裙

1. 成品规格设计

以 160/68A 号型为例。

裙长：L=0.4× 号 +6=70。

腰围：W= 型 +2=70。

臀围：H=H*（净）+（4 ～ 6）=96。

2. 版型图绘制方法

①绘制裙装原型。

②画出分割线位置。

③将省设计在分割线及侧缝线处。

④确定膝围线，从膝围向底摆处加量，加入量左右大小相等。

⑤完成裙装轮廓线。

八片鱼尾裙版型图，如图 3-2-6 所示。

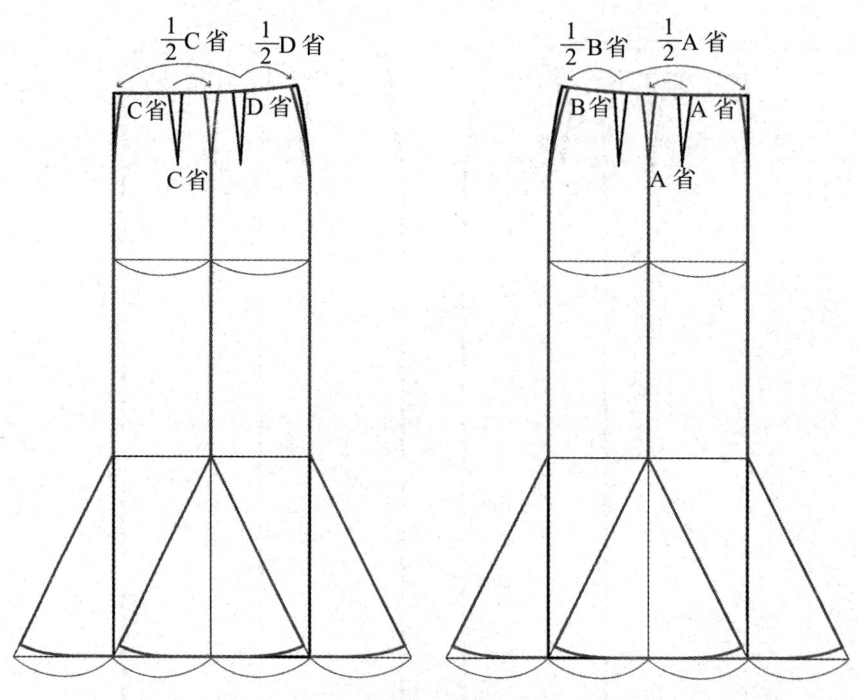

图 3-2-6　八片鱼尾裙版型图

N 片鱼尾裙版型图，如图 3-2-7 所示。

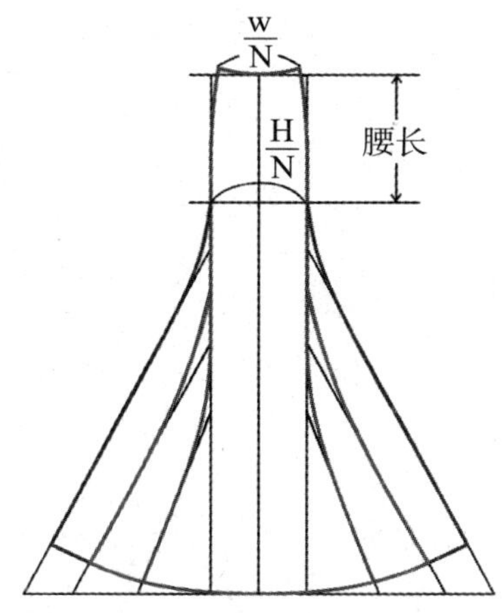

图 3-2-7　N 片鱼尾裙版型图

（四）螺旋裙

1. 成品规格设计

以 160/68A 号型为例。

裙长：L=0.4× 号 +6=70。

腰围：W= 型 +2=70。

臀围：H=H*（净）+（4 ～ 6）=96。

2. 版型图绘制方法

螺旋裙版型图，如图 3-2-8 所示。

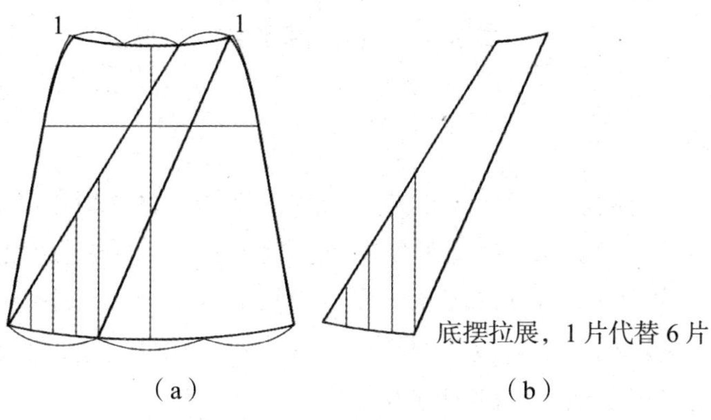

图 3-2-8　螺旋裙版型图

（五）育克裙

1. 成品规格设计

以 160/68A 号型为例。

裙长：L=0.4× 号 +6=70。

腰围：W= 型 +2=70。

臀围：H=H*（净）+（4 ～ 6）=96。

2. 版型图绘制方法

育克裙版型图，如图 3-2-9 所示。

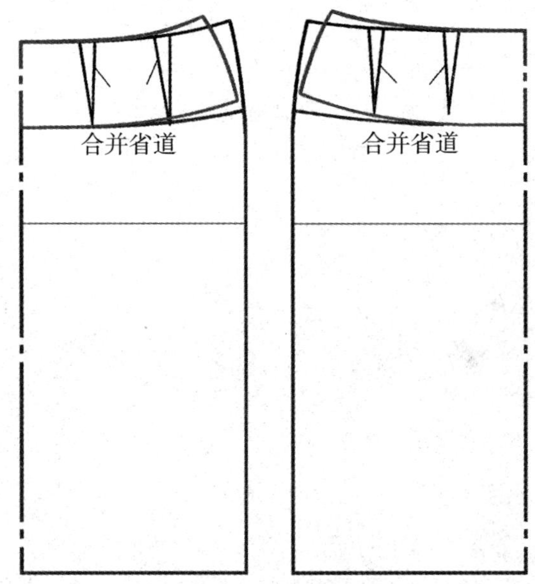

图 3-2-9　育克裙版型图

五、褶裙

褶裙主要可以分为两大类：自然褶裙与规律褶裙。自然褶裙以随意、丰富多变和活泼的特点著称，能赋予穿着者华丽的感觉。自然褶裙主要包括波形褶裙和育克对褶裙，展现了自由流动的美感。而规律褶裙则呈现出有序性，给人以庄重且典雅的印象。规律褶裙主要包括顺褶裙、塔克褶裙和缩褶裙，它们通过规律的折叠方式，营造出整洁而高雅的视觉效果。

（一）波形褶裙

1. 成品规格设计

以 160/68A 号型为例。

裙长：L=0.4× 号 +6=70。

腰围：W= 型 +2=70。

臀围：H=H*（净）+（4 ～ 6）=96。

2. 版型图绘制方法

波形褶裙版型图，如图 3-2-10 所示。

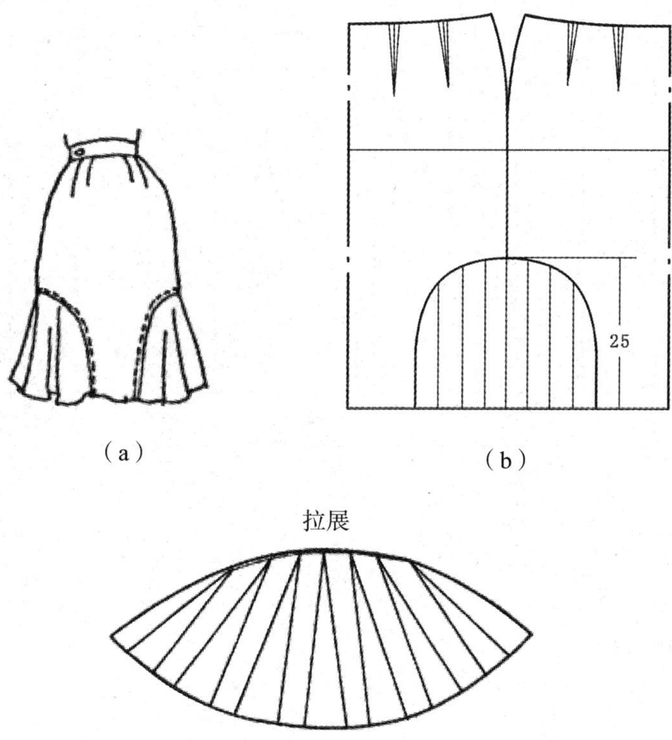

（a）　（b）　（c）

图 3-2-10　波形褶裙版型图

（二）育克对褶裙

1. 成品规格设计

以 160/68A 号型为例。

裙长：L=0.4× 号 +6=75。

腰围：W= 型 +2=70。

臀围：H=H*（净）+（4 ～ 6）=96。

2. 版型图绘制方法

育克对褶裙版型图，如图 3-2-11 所示。

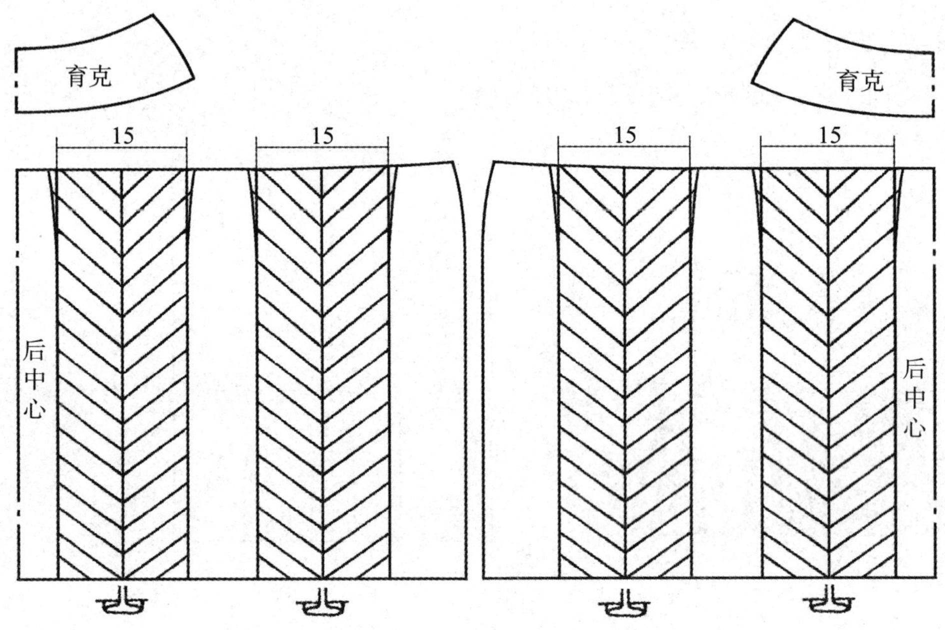

图 3-2-11　育克对褶裙版型图

（三）顺褶裙

1. 成品规格设计

以 160/68A 号型为例。

裙长：L=0.4× 号 +6=70。

腰围：W= 型 +2=70。

臀围：H=H*（净）+（4 ～ 6）=96。

2. 版型图绘制方法

图 3-2-12 与图 3-2-13 分别为顺褶裙版型图与顺褶裙版型图展开图。

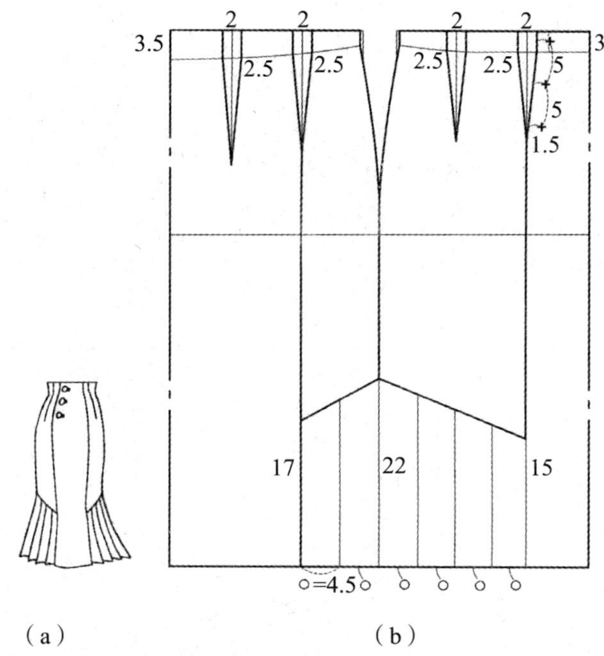

图 3-2-12　顺褶裙版型图

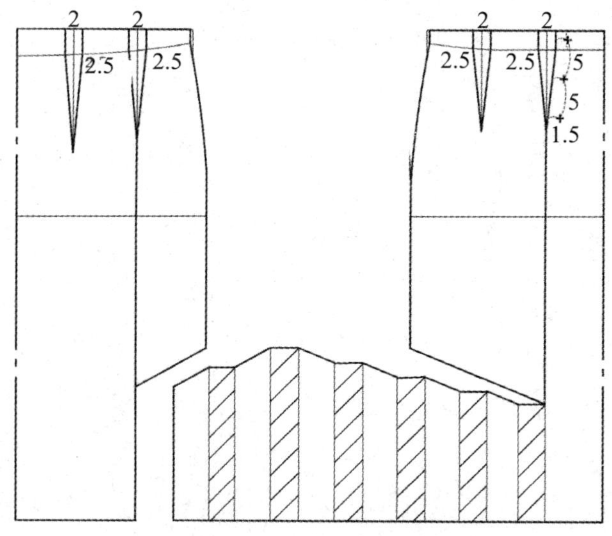

图 3-2-13　顺褶裙版型图展开图

（四）塔克褶裙

1. 成品规格设计

以 160/68A 号型为例。

裙长：L=0.4× 号 +6=70。

腰围：W= 型 +2=70。

臀围：H=H*（净）+（4 ～ 6）=96。

2. 版型图绘制方法

塔克褶裙版型图，如图 3-2-14 所示。

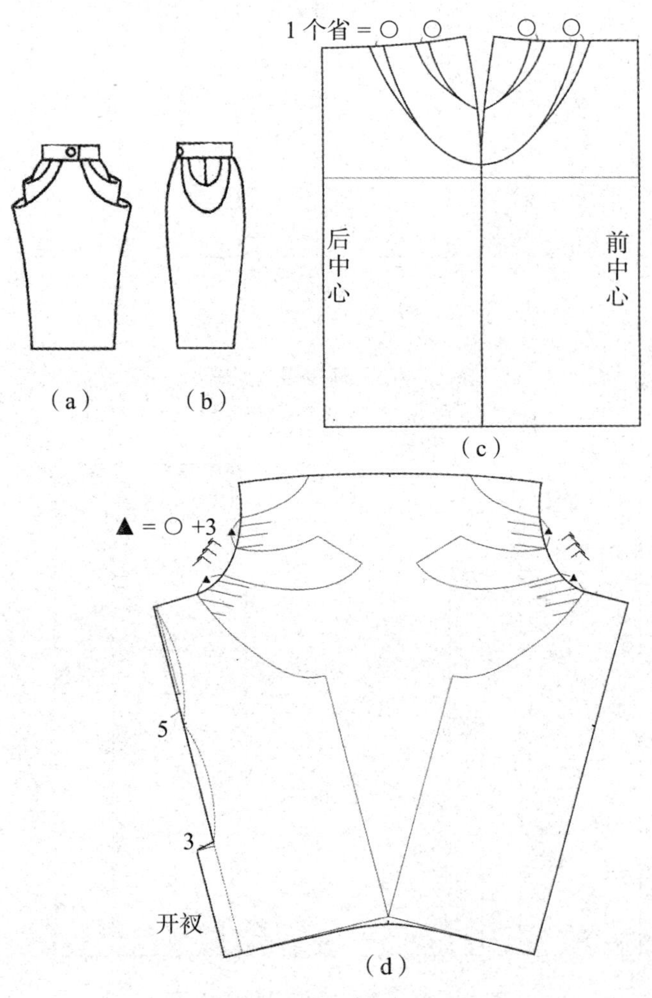

图 3-2-14　塔克褶裙版型图

（五）缩褶裙

1. 成品规格设计

以 160/68A 号型为例。

裙长：L=0.4× 号 +6=70。

腰围：W= 型 +2=70。

臀围：H=H*（净）+（4 ～ 6）=96。

2. 版型图绘制方法

缩褶裙版型图，如图 3-2-15 所示。

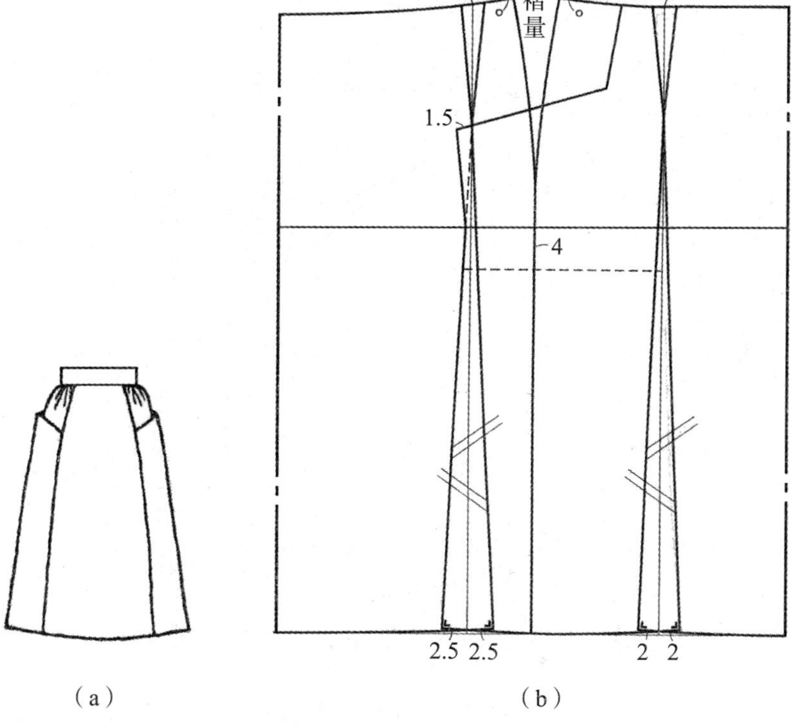

图 3-2-15　缩褶裙版型图

六、高腰裙

（一）成品规格设计

以 160/68A 号型为例。

裙长：L=0.4× 号 +6=70。

腰围：W= 型 +2=70。

臀围：H=H*（净）+（4 ～ 6）=96。

（二）版型图绘制方法

在设计高腰裙时，需精确控制腰围与臀围的尺寸，其中臀围的放松量可适当增加 2cm。依据腰部的长度，精确地绘制出腰围线与臀围线，在腰围线上取 W/4+（2 ～ 3cm）。省的大小可根据腰臀差选择，一般情况下取 2.5cm。臀围取 H/4，完成侧缝弧线。在距前中心线 8cm 处，定出分割线（即省位）。省长为 12cm（根据胸省长确定），完成基本结构。在基本图形上截取高腰部分 7.5cm，则可完成所设计的腰部造型。高腰裙版型图，如图 3-2-16 所示。

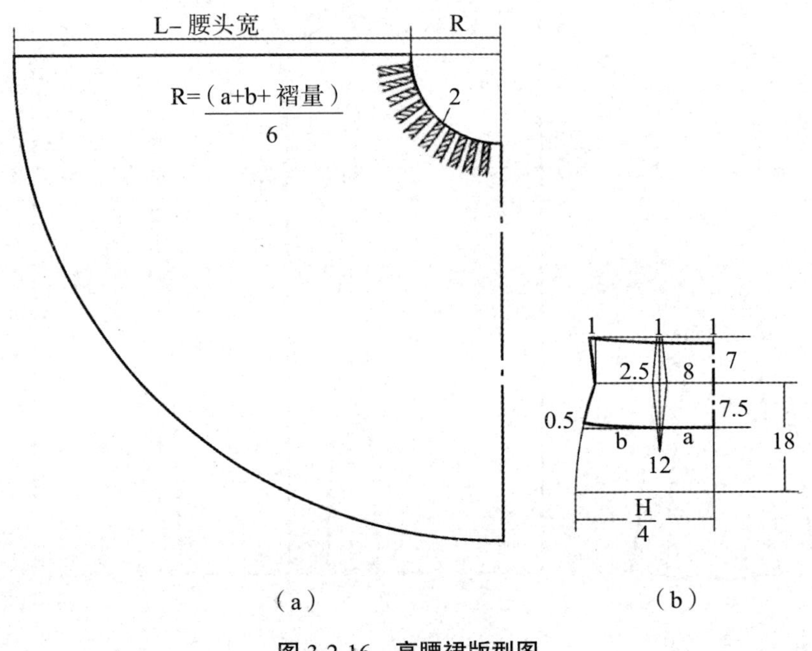

图 3-2-16　高腰裙版型图

七、节裙

（一）成品规格设计

以 160/68A 号型为例。

裙长：L=0.4× 号 +6=70。

腰围：W= 型 +2=70。

臀围：H=H*（净）+（4～6）=96。

（二）版型图绘制方法

节裙版型图，如图 3-2-17 所示。

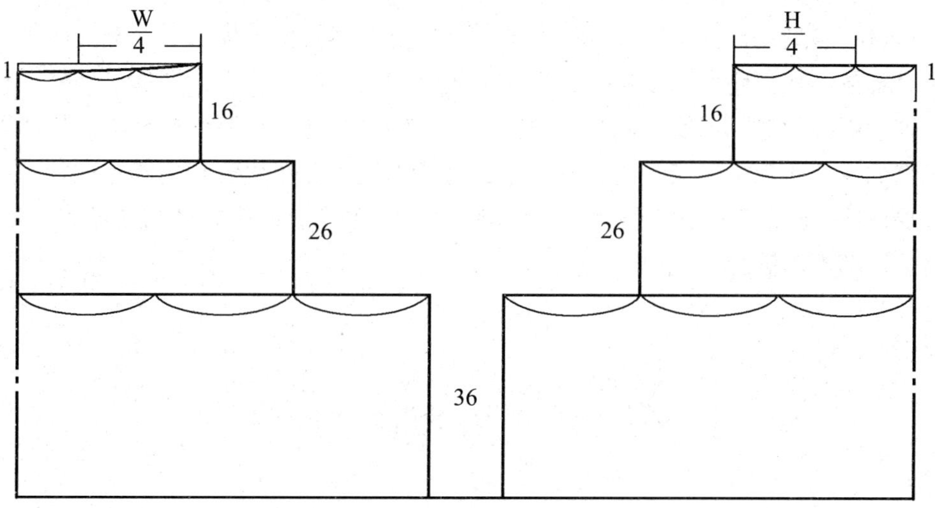

图 3-2-17　节裙版型图

第四章　裤装版型原理与设计

裤装版型设计注重版型与面料的巧妙搭配，将女性的体型特征融入裤装的每一个细节，从而确保裤装的舒适性与美观性的完美结合。设计师通过调整裤腰的高度、裤腿的宽窄以及融入各种时尚元素，轻松实现了从简约到繁复、从休闲到正式的多样化风格转变。高腰裤通过提升腰围线，营造出优雅而修长的腿部视觉效果；紧身裤则紧贴腿部线条，展现出女性的曲线美；而阔腿裤则通过放宽裤腿，营造出随性而洒脱的气质。

第一节　裤装版型原理

一、裤装的分类

（一）按长度划分

①迷你裤：长度极短，通常位于大腿上方。

②短裤：长度至大腿中部或稍下方。

③中裤：长度通常到膝盖位置。

④中长裤：长度略长于中裤，接近膝盖或稍下方。

⑤吊脚裤：裤脚宽松，自然垂落，形成一定的褶皱效果。

⑥长裤：长度覆盖整个腿部，直达脚踝或以下。

（二）按廓形划分

①三角裤：通常指内裤的一种，形状类似三角形。

②灯笼裤：裤管宽松，裤脚收口，形似灯笼。

③马裤：膝部以上肥大、以下极瘦，适合骑马等活动时穿着。

④裙裤：外观类似裙子，但实际上是裤子结构。

⑤锥形裤：裤管从大腿处逐渐收紧至脚踝。

⑥直筒裤：裤管笔直，无过多褶皱或收口。

⑦喇叭裤：裤脚逐渐向外扩张，形似喇叭。

不同类型裤装分类示意，如图 4-1-1 所示。

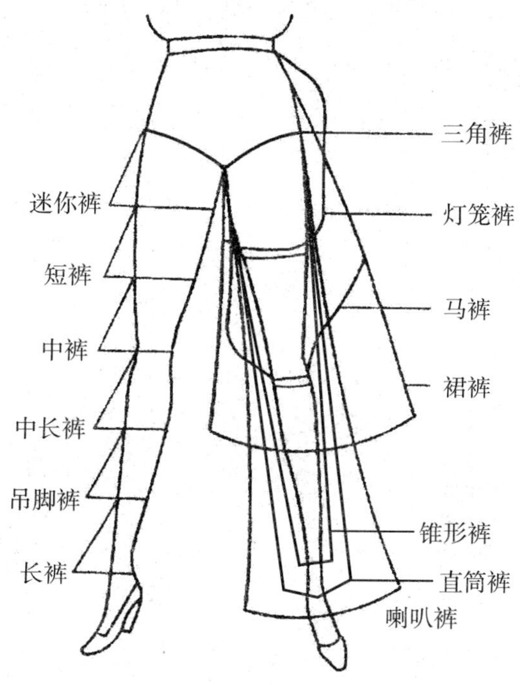

图 4-1-1　不同类型裤装分类示意

（三）按腰位划分

①连腰裤：腰部与裤身相连，无明显分界。

②装腰裤：腰部设有独立的腰带或松紧带。

③高腰裤：腰围线位于自然腰围线上方。

④低腰裤：腰围线位于自然腰围线下方。

（四）按层次划分

①内裤：贴身穿着的裤子，通常较短且紧身。

②外裤：穿在内裤外面的裤子，用于日常穿着或特定活动。

（五）按适用对象划分

①男裤：专为成年男性设计的裤子，通常剪裁更为硬朗。

②女裤：专为成年女性设计的裤子，更注重线条与剪裁的柔美。

③童裤：专为儿童设计的裤子，通常尺寸较小且注重舒适性与安全性。

二、裤装纸样中各线的名称及其对应位置

裤装纸样中各线的名称及其对应位置，如图 4-1-2 所示。

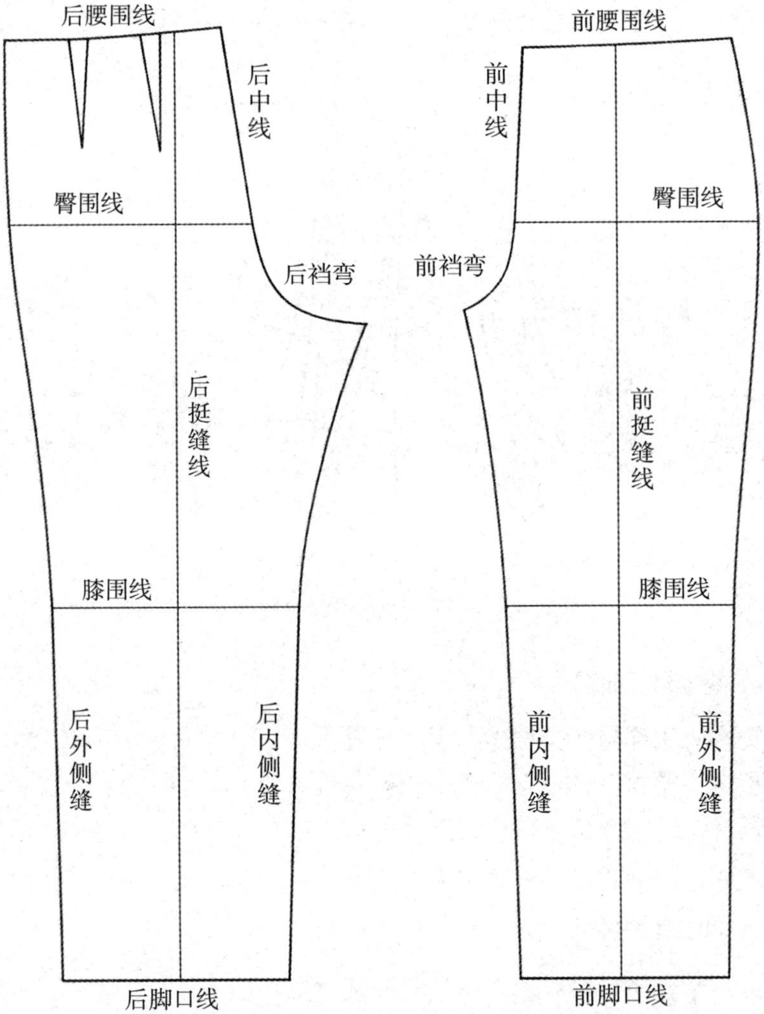

图 4-1-2　裤装纸样中各线的名称及其对应位置

三、裤装成品规格设计

①裤长 L=0.6 裤腰高度（G）+（0 ～ 2）。

②腰围 W=W*（净）+（0 ～ 2）。

③贴体类裤装臀围 H=H*（净）+（2 ～ 6），合体类裤装臀围 H=H*（净）+（6 ～ 14），宽松类裤装臀围 H=H*（净）+14 及以上。

④脚口大 =0.22H。

⑤中裆大 = 脚口大 +（4 ～ 6）。

⑥上裆长 =H/4+2 或 G/10+H/10–1（女子为 0，男子和儿童为 1）。

⑦前腰围 =W/4–1+ 褶量，后腰围 =W/4+1+ 省量。

⑧前臀围 =H/4–1，后臀围 =H/4+1。

⑨前横裆宽 =0.11H 或 0.07H，后横裆宽 =0.11H 或 0.09H。

四、裤装省道设计

裤装省道设计示意，如图 4-1-3 所示。

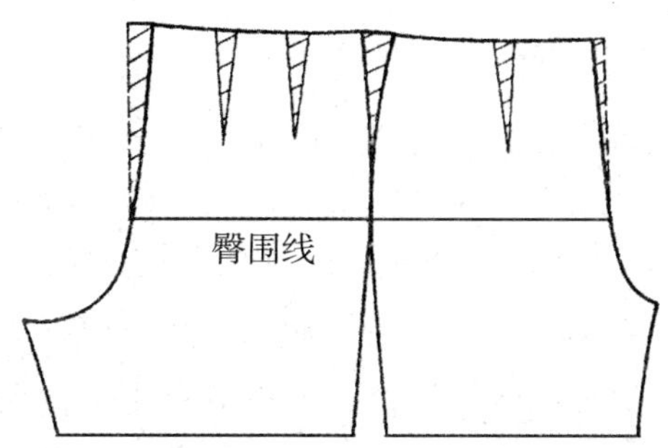

图 4-1-3　裤装省道设计示意

（一）省量大小

前裤片省量为 2.5 ～ 4cm，靠近烫迹处省量较大，靠近侧线处省量较小，侧缝处的省量不宜过大，2 ～ 2.5cm 即可，后裤片的省量为 2 ～ 2.5cm。

（二）省道个数

前裤片有省道的情况下，根据省量大小和款式造型，将省道设计为 1 ～ 2 个，一个省量为 3 ～ 4cm。后裤片省道个数为 1 ～ 2 个，且左右对称。

（三）省道布局

在前裤片上，一个省道通常被巧妙地安排在烫迹线上，而其他省道则被精心布置在烫迹线与侧缝线之间的区域。对于后裤片，如果仅设计一个省道，它会被置于腰围线的正中位置（即 1/2 处）；若设计两个省道，则它们会分别位于腰围线的 1/3 处（即各自位于 1/3 位置）。

（四）省道长度

在靠近中心线的位置，省道的长度被精确设定为 10 ～ 11cm，以确保良好的贴合度和外观效果。而在靠近侧缝线的位置，省道的长度则稍短一些，为 9 ～ 10cm，以适应裤片的曲线和穿着时的舒适度需求。

（五）省道样式

人体腹部由于腹肌外突，省道应采用瘪型省设计；人体臀部近腰围处凹进，近臀围处又凸出，省道应采用胖型省设计。

五、裤装结构分析

（一）腰臀围结构分析

人体的侧缝线将躯体明确划分为前后两个区域。前侧的腰臀区域呈现出较为均匀的圆弧形态，而后侧的腰臀区域则呈现出曲率较大的圆弧状，因此，后臀围的尺寸通常要大于前臀围。在裤装设计中，臀围的分配原则通常为前臀围占整体臀围 H 的 1/4 减去 1cm（H/4–1），而后臀围则占整体臀围的 1/4 加上 1cm（H/4+1）。为了保持腰部设计与臀围设计的协调性，腰围的分配也遵循类似的原则，即前腰围占整体腰围 W 的 1/4 减去 1cm（W/4–1），后腰围占整体腰围的 1/4 加上 1cm（W/4+1）。

（二）中裆围与脚口围的结构分析

当人体直立且上肢自然下垂时，中指通常会指向人体下肢宽度的前半部分偏中间的位置。这一人体工学特点在设计裤装的侧缝位置时尤为重要，特别是当考虑在侧缝处设计口袋时。将口袋设计在这一位置，不仅符合人体自然形态，还能方便手部伸入和取出物品。由于臀围的分配为前小后大，为保持裤身的整体平衡，前中裆围和脚口围较后中裆围和脚口围要小。前后中裆围和脚口围的差数会随着前后裤片比例大小的变化而变化。前后裤片的中裆围尺寸分别为 0.5H/2–2、

0.5H/2+2。前后脚口围尺寸分别为 0.2H/2−2、0.2H/2+2。裤子中裆设计，如图 4-1-4 所示。

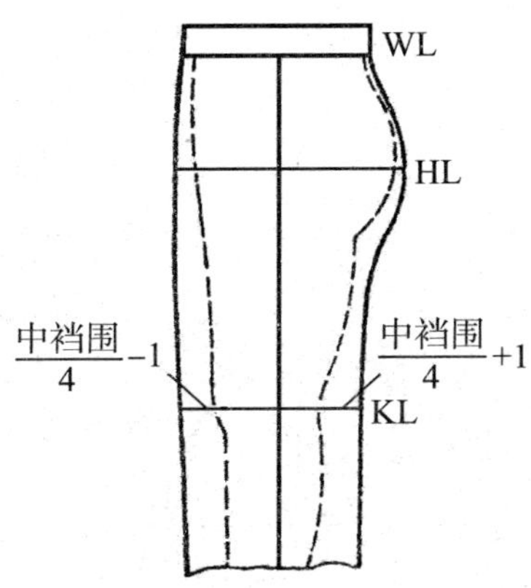

图 4-1-4　裤子中裆设计

（三）横裆宽结构分析

如图 4-1-5 所示，臀部呈现为一个略微前倾的椭圆形形态。若以耻骨联合点为基准作一条垂线，可将臀部划分为前后两部分。前半部分，凸点位置相对靠上，形成腹凸，其下方则较为平缓，这部分被称为前裆弯，因此前裆弯的形态相对较小且平缓。而后半部分，凸点位置相对靠下，构成臀凸，同时也是后裆弯的所在。由于后裆弯是从臀部过渡到腹部的区域，且臀凸的下部较为突出，所以后裆弯的形态相对较为急促。人体臀部在运动过程中屈曲的动作幅度通常大于伸展，这就要求在设计裤装时，后裆宽需要预留足够的活动空间。因此，在裤装设计中，后裆宽通常会设定得大于前裆宽，以满足人体活动的需求。

在常规的裤装版型设计中，若将总裆宽设定为身高的 0.16 倍（0.16H），并以耻骨联合点为基准作垂线进行前后裆宽的分配，通常前裆宽可取身高的 0.05 倍（0.05H），后裆宽则取身高的 0.11 倍（0.11H）。这种分配方式常见于西裤、锥形裤、太子裤等裤装的设计中。然而，随着裤装款式的变化，总裆宽的尺寸也会在 0.16H 至 0.21H 的范围内相应调整。同时，前后裆宽的具体尺寸也会随着下裆缝线在前后方向上的移动而有所变化，以适应不同裤装造型的需求。但应注意无论横裆量增加幅度如何，裆深不能改变，宽度的增加可以增大臀部活动空间，而深度的增加反而限制下肢的活动范围。在增加裆宽的同时，为确保裤子的整体造型保持平衡，也需要相应地增加臀部的放松量。当横裆的增量达到一定程度时，将不再需要后中缝的斜度以及后翘的设计，这一特点在裙裤的设计中体现得尤为明显。

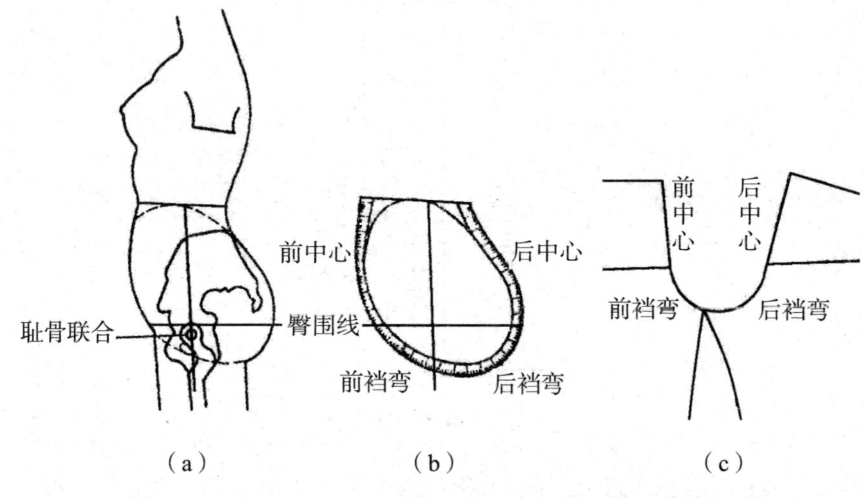

图 4-1-5　裤装横裆设计

（四）立裆深尺寸测量及计算

立裆深尺寸有三种测量方法：第一种，人体站立时测量人体下裆长，然后用裤长减去下裆长；第二种，人体站立时测量腰部最细部位至臀股沟处长度；第三种，人体坐在椅面上，从腰部最细部位量至椅面的长度再加上 3cm。

立裆深可以根据公式计算，常用公式为 H/4+2，也可以用 L/10+H/10+6 或者 G/10+H/10。

（五）后腰翘结构分析

如图 4-1-6 所示，裤装的后腰翘是指后片腰围线与后裆缝相交点被特意抬高的程度。这一设计旨在增加后中线与后裆弯的总长度，以贴合人体的臀凸结构，并适应做前屈运动时裤子后中线的自然伸长量。这样，当人体进行下蹲等动作时，裤子不会因过度紧绷而造成不适。同时，在后腰头向下拉拽时，也能避免产生不适感。由于后中线存在一定的倾斜，为了确保后中线与腰口线之间的夹角接近 90°，防止在交点处形成凹陷，后腰翘的设计便显得尤为重要。后中线的倾斜程度越大，所需的后腰翘也就越高，通常可以通过公式 0.02H 来计算。

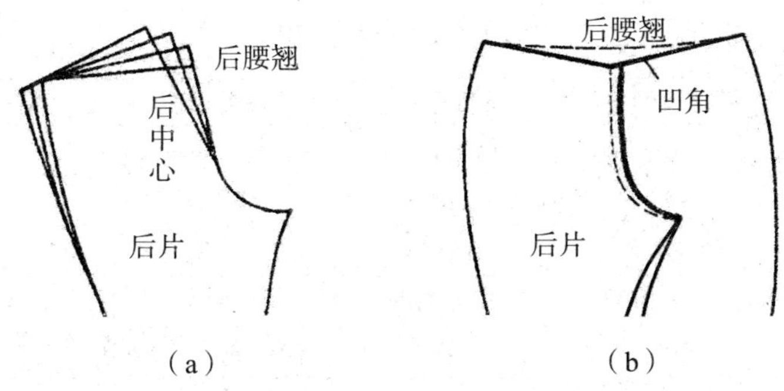

图 4-1-6　裤装后腰翘设计

（六）后上裆倾角

后上裆倾角的变化与人体特征以及裤装的款式紧密相关。在裤装的版型设计中，后上裆倾角通常为 0° ～ 20°。随着人体臀高的增加，这一倾角也会相应增大。一般来说，裙裤类、宽松类、较宽松类、较贴体类、贴体类裤装的后上裆倾角分别为 0°、0° ～ 5°、6° ～ 10°、11° ～ 15°、16° ～ 20°。

（七）落裆量分析

如图 4-1-7 所示，裤装后片相较于前片的上裆部分，其深度要更大一些。这两者之间的深度差异，通常被称为“落裆量”。落裆量产生的原因主要有两方面：一方面是因为人体结构后裆弯的最低点低于前裆弯；另一方面是由于人体在进行前伸运动时，后裆弯伸长，落裆量可增加整个裆弯的尺寸，以符合人体运动需求。正常裤装的落裆量为 1 ～ 1.5cm，而短裤的落裆量为 2 ～ 3cm。裤装裆臀参数，如表 4-1-1 所示。

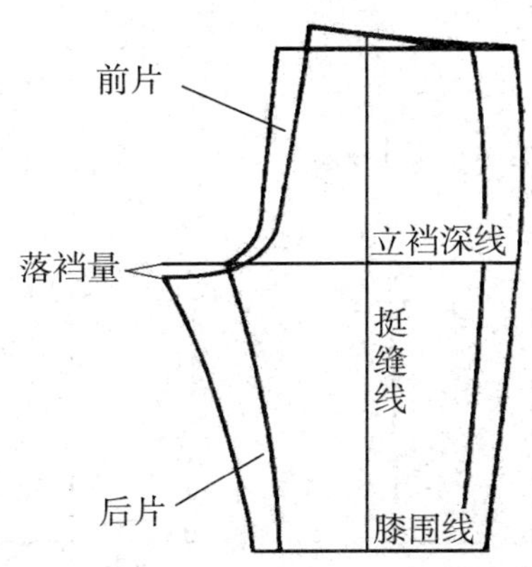

图 4-1-7　裤装落裆量设计

表 4-1-1　裤装裆臀参数

种类	下裆缝倾角	横裆宽 /cm	前后落裆量 /cm	成品腹臀宽 /cm
裙裤	0	0.21H	0	0.21H
西裤	39°	0.16H	0.7 ～ 1	0.21H
宽松短裤	50° 左右	0.16H	3	>0.21H
田径裤	50° ～ 90°	≤ 0.16H	≥ 3	≥ 0.21H
三角裤	90°	0	后裆宽 – 前裆宽	0.21H

六、原型裤装设计

原型裤装版型设计，如图 4-1-8 所示。

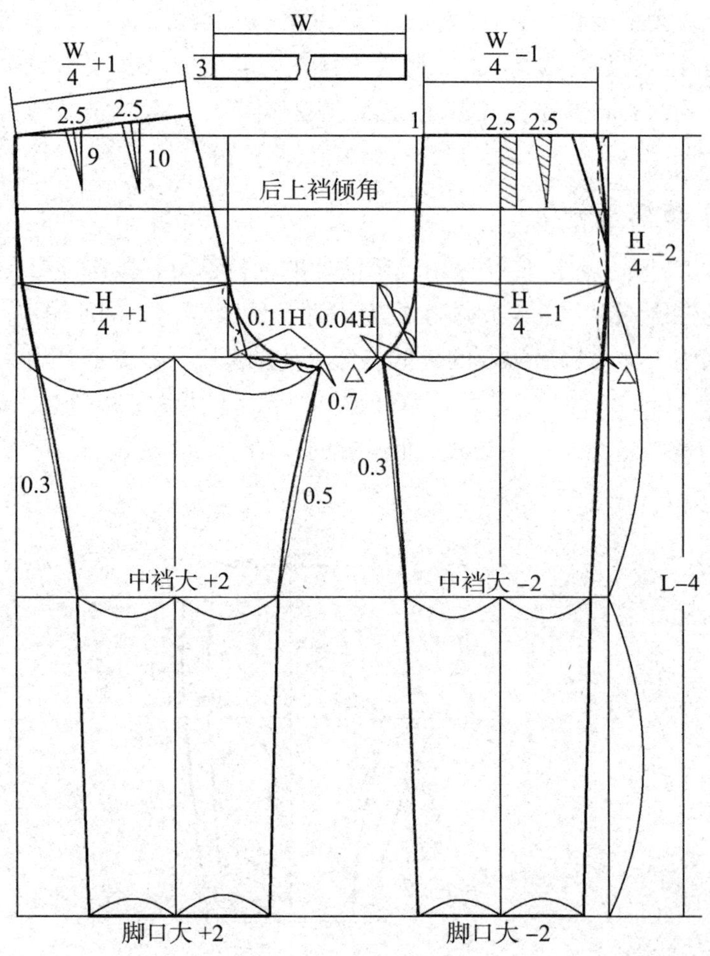

图 4-1-8　原型裤装版型设计

第二节　裤装版型设计

裤装依据臀围部位的宽松程度，可以划分为贴体型、合体型及宽松型三大类。而裤装的多样化款式，则是在这些基本裤型的基础上，通过运用分割、打褶、拉展等一系列处理技术来进一步设计制作而成的。

一、基本裤型版型设计

（一）贴体型裤装

1. 外部特征

贴体型裤装为收紧臀部的裤装，同时相应增加裤口宽、裤长。在腰部多采用前裤片无褶或后裤片无省的结构。同时腰位降低，在标准束腰位下约 2cm 处。腰口较大，其目的是使纵向放松量增加。后裤片若无省，一般均有横向分割线，用分割线的形式将纵向省转变成横向省。

2. 规格设计

① H=H*（净）+（4 ～ 6）。

② W=W*（净）+（0 ～ 2）+ 腰位下降 2cm 时所增加的腰大 2cm，即 W=W*（净）+（2 ～ 4）。

③立裆深 =H/4–（3 ～ 4），由于 H 较小，虽然腰位降低了 2cm，但立裆深不宜简单地一概减去 2cm。

④中裆围线在原型裤装基础上向上提 2cm 左右。

⑤前腰 =W/4+ 省量。

⑥前臀 =H/4–（0 ～ 1）。

⑦前横裆宽 =0.05H–（0 ～ 0.5）。

⑧后腰 =W/4。

⑨后臀 =H/4+（0 ～ 1）。

⑩后横裆宽 =0.11H–（0 ～ 1）。

⑪落裆差为 0.7 ～ 1cm。

⑫脚口和中裆的大小可由款式造型而定。

3. 版型设计

（1）牛仔裤

牛仔裤版型设计，如图 4-2-1 所示。

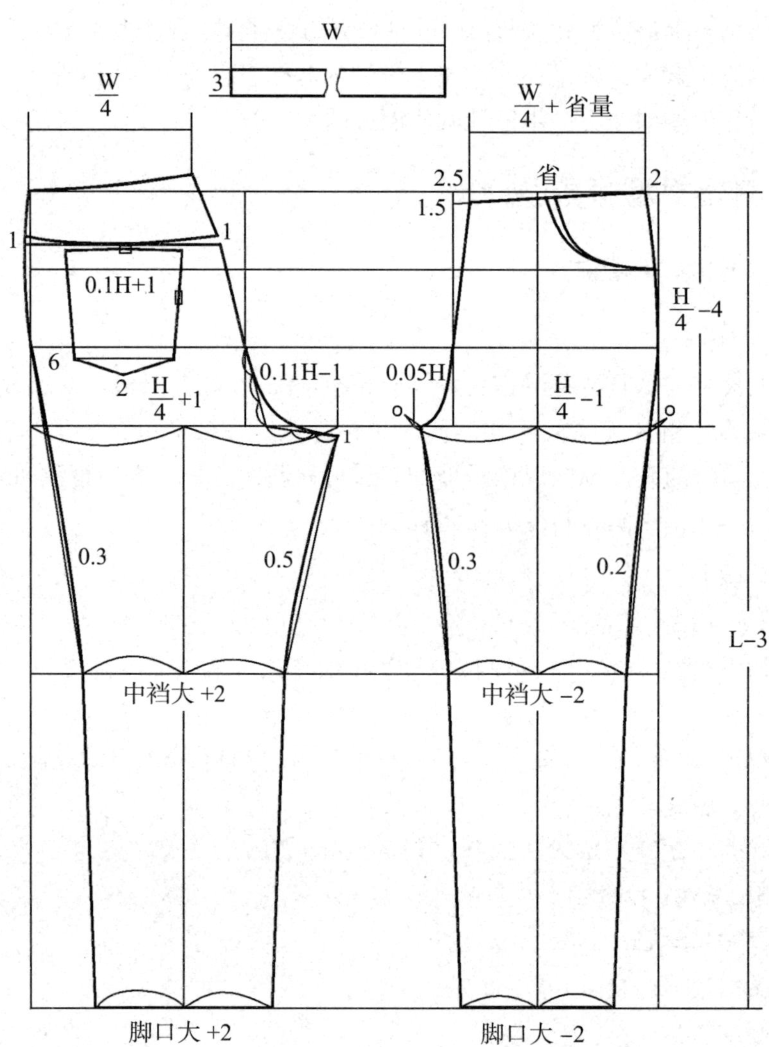

图 4-2-1　牛仔裤版型设计

（2）喇叭裤

喇叭裤版型设计，如图 4-2-2 所示，脚口围大于中裆围，一般中裆围较合体，裤片的喇叭状起始点可在中裆围上下浮动，脚口越大，起始点越向上。

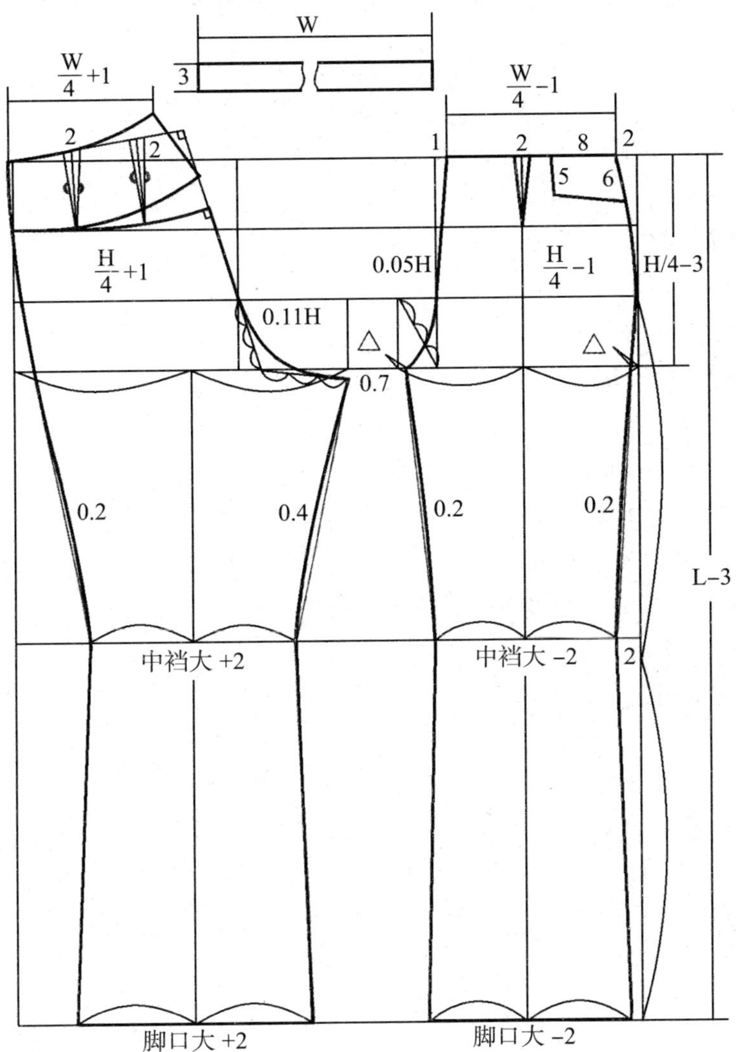

图 4-2-2　喇叭裤版型设计

（二）合体型裤装

1. 外部特征

合体型裤装的臀围放松量为 6 ～ 14cm，外观较庄重、合体，并能满足人体的一般运动及静态造型的美观需求，各部位结构处理较灵活，规格设计与基本裤装结构相同。

2. 规格设计

① H=H*（净）+（6 ～ 14）。

② W=W*（净）+（0 ～ 2）。

③立裆深 =H/4–（0 ～ 2）。

④前腰 =W/4。

⑤前臀 =H/4–1。

⑥前横裆宽 =0.04H。

⑦后腰 =W/4。

⑧后臀 =H/4+1。

⑨后横裆宽 =0.11H ～ 0.12H。

⑩落裆差为 0.7 ～ 1cm。

⑪脚口和中裆的大小可由款式造型而定。

3. 版型设计

西裤版型设计，如图 4-2-3 所示。

W
3
W/4 +1
2.5
2.5
9
10
1
W/4 −1
2.5
2.5
H/4 −2
H/4 +1
H/4 −1
0.11H
0.04H
0.7
0.3
0.5
0.3
中裆大 +2
中裆大 −2
L−4
脚口大 +2
脚口大 −2

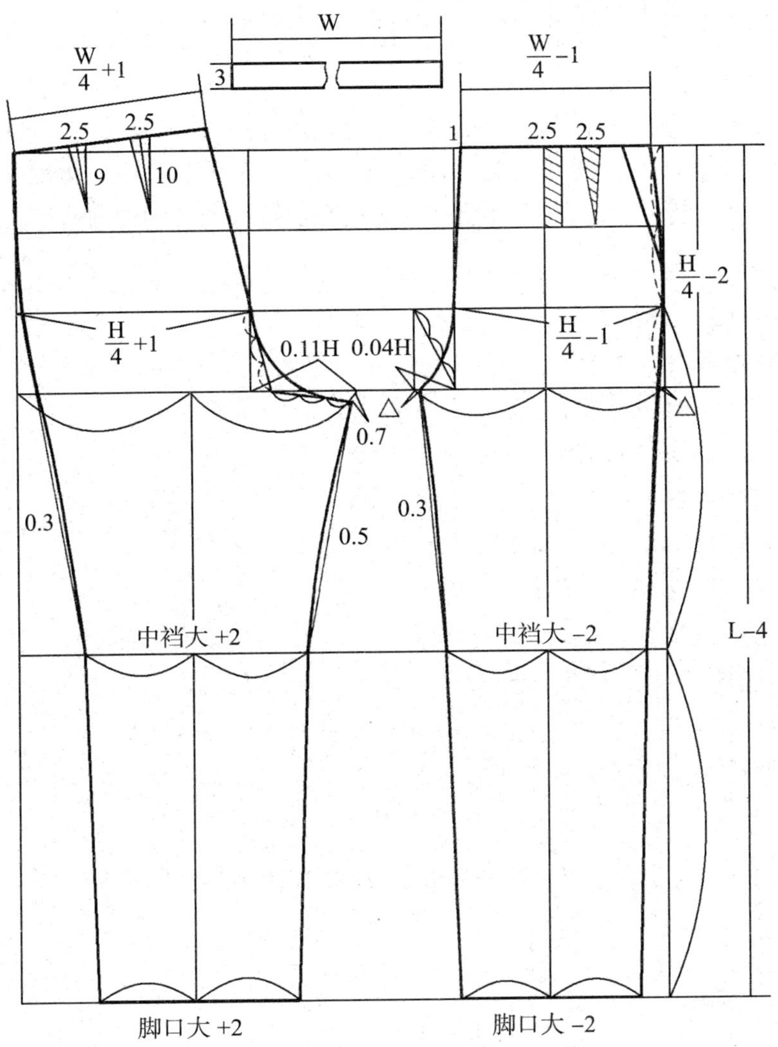

图 4-2-3　西裤版型设计

（三）宽松型裤装

1. 外部特征

宽松型裤装的臀围放松量一般大于14cm，为使造型鲜明，应相应地收紧裤口，采用腰部打褶及高腰等处理方法。在宽松型裤装的版型设计中，臀围的放松量并不是均匀地放在整个臀部，而是将大部分放在前裤身做各种褶的造型。

2. 规格设计

① H=H*+（>14）。

② W=W*+（1 ～ 3）。

③立裆深 =H/4+（2 ～ 3）。

④前腰围 =W/4+ 褶量。

⑤前臀围 =H/4–（0 ～ 1.5）。

⑥前横裆宽 =0.04H ～ 0.05H。

⑦后腰围 =W/4+ 省量。

⑧后臀围 =H/4+（0 ～ 1.5）。

⑨后横裆宽 =0.11H–（0 ～ 1）。

⑩落裆差为 0 ～ 1cm。

⑪脚口较小，中档可不控制。

3. 版型设计

连腰宽松裤、断腰宽松裤、马裤版型设计，如图 4-2-4、图 4-2-5、图 4-2-6 所示。

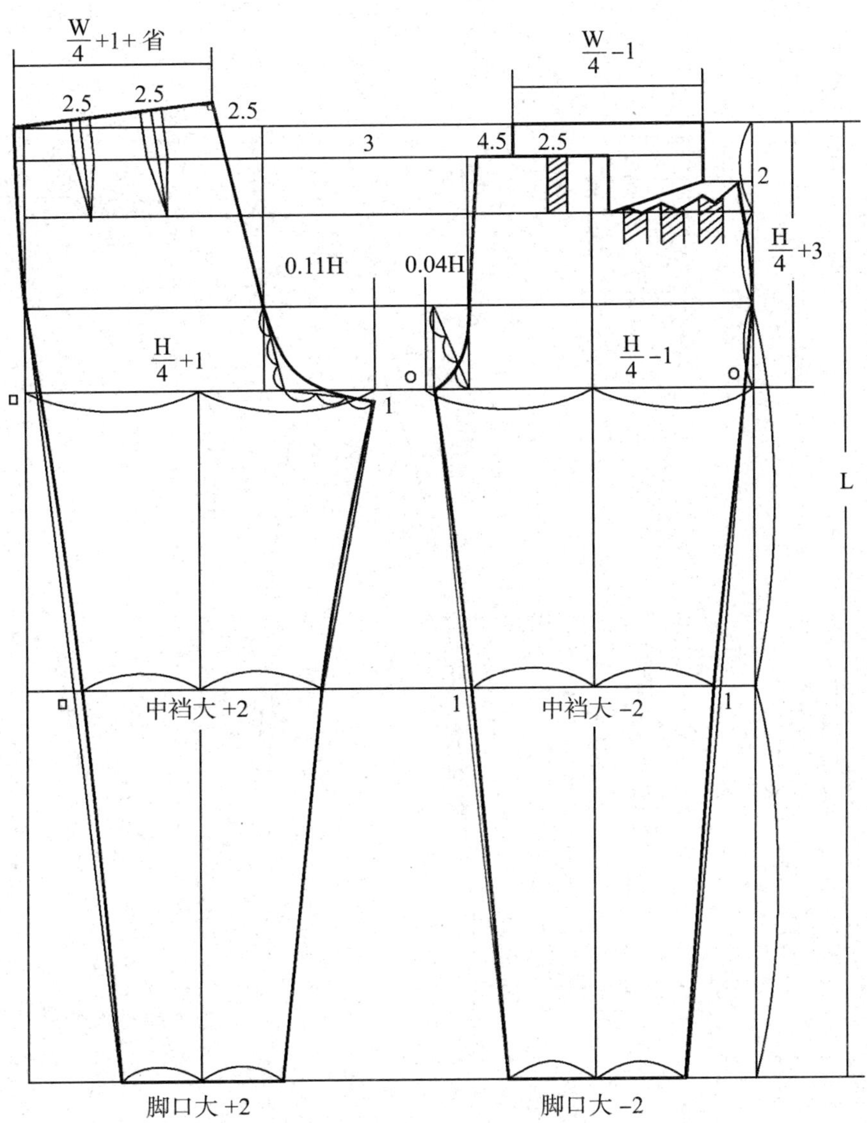

图 4-2-4　连腰宽松裤版型设计

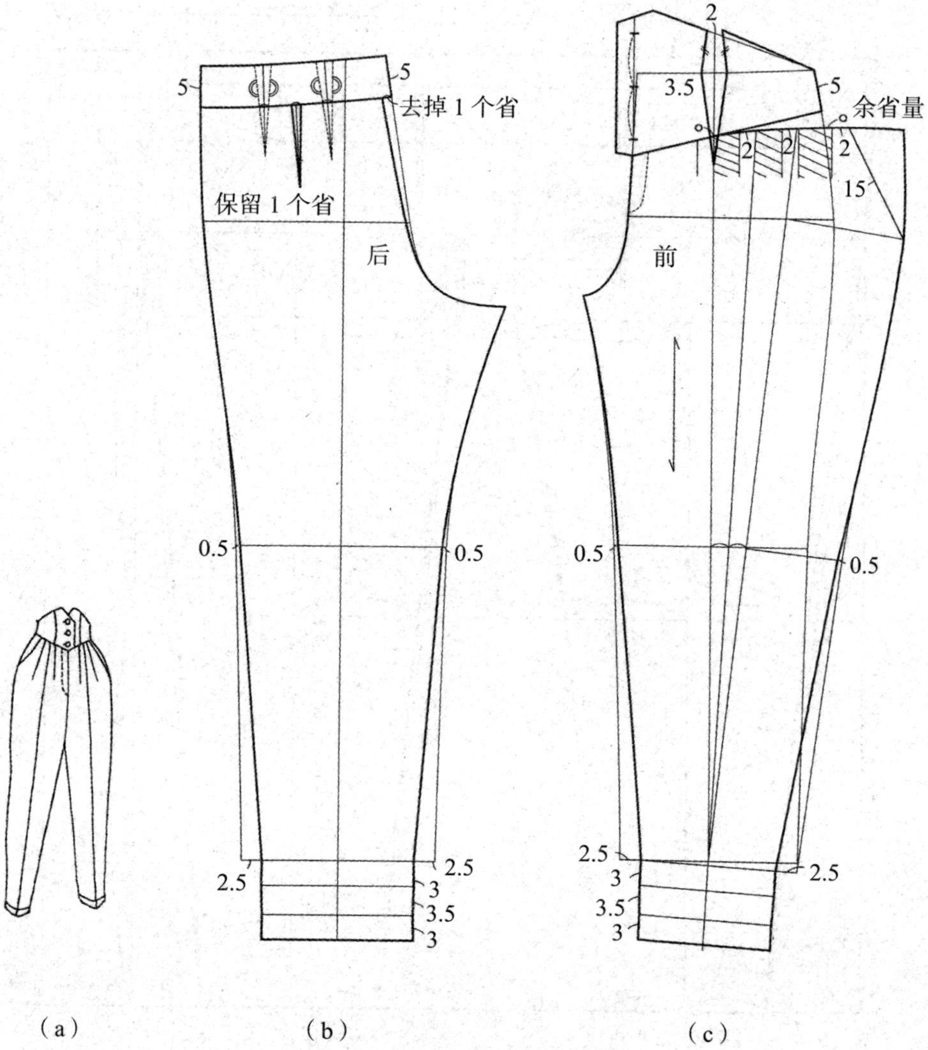

（a）　（b）　（c）

图 4-2-5　断腰宽松裤版型设计

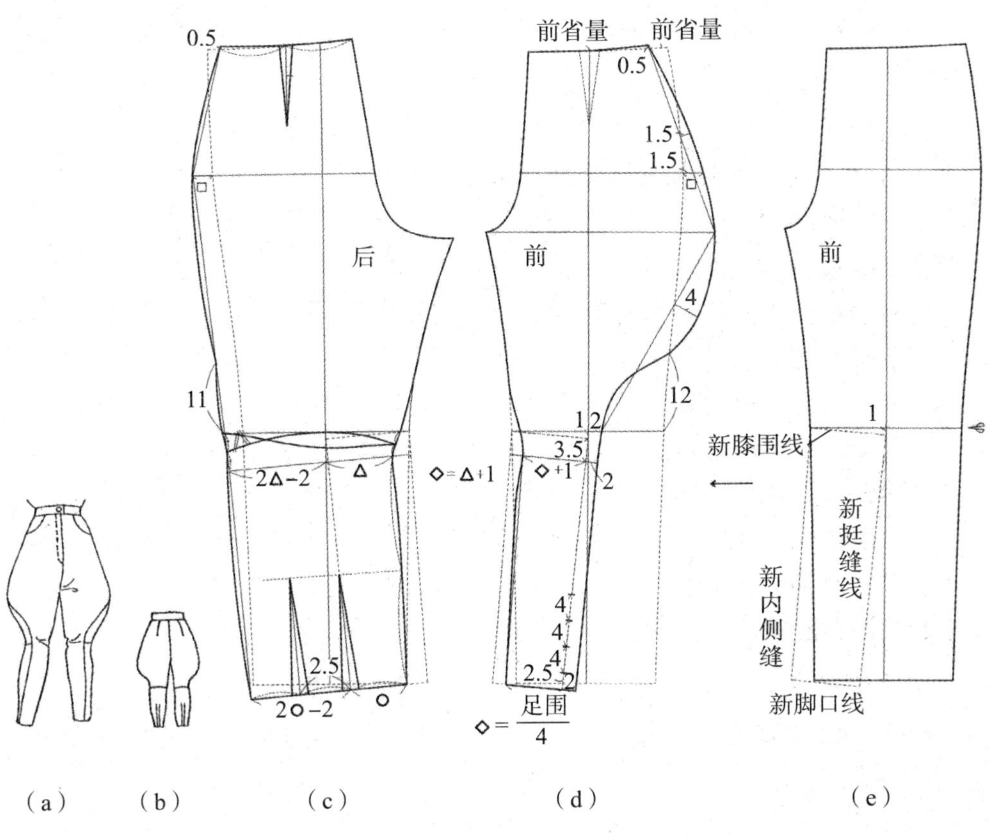

图 4-2-6 马裤版型设计

二、其他裤型版型设计

（一）裙裤

1. 外部特征

裙裤上部保留着裤装的横裆结构，下部为裙装造型。根据横裆的结构可将裙裤分为裤装风格的裙裤和裙装风格的裙裤。裤装风格的裙裤臀部较合体，后上裆缝线较贴合人体臀沟，横裆线以上部位可按裤装版型设计方法进行设计。由于下裆缝倾角为零，前后落裆差为零，上裆宽可在原型裤型上适当增加 0.16H ～ 0.21H 的变化。前后裆宽的大小可根据造型适当调节。裙装风格的裙裤臀围放松量较大，横裆容量增加，臀部前屈运动所需的变形量由横向放松量来满足。后上裆缝倾角随着臀围放松量的增加而减少，直至为垂直线，成为裙装结构的裙裤。此时起翘量为零，裆宽为 0.18H ～ 0.21H，前后裆宽的大小可根据造型和习惯而定。

2. 规格设计

① H=H*（净）+ 根据款式确定的放松量。

② W=W*（净）+（0 ～ 2）。

③立裆深 =H/4。

④前腰围 =W/4+ 褶量 + 省量。

⑤前臀围 =H/4−1。

⑥前横裆宽 =0.08H。

⑦后腰围 =W/4+ 省量。

⑧后臀围 =H/4。

⑨后横裆宽 =0.12H。

⑩落裆差为 0。

⑪中裆不控制。

3. 版型设计

裙裤、宽松裙裤、高腰裙裤版型设计，如图 4-2-7、图 4-2-8、图 4-2-9 所示。

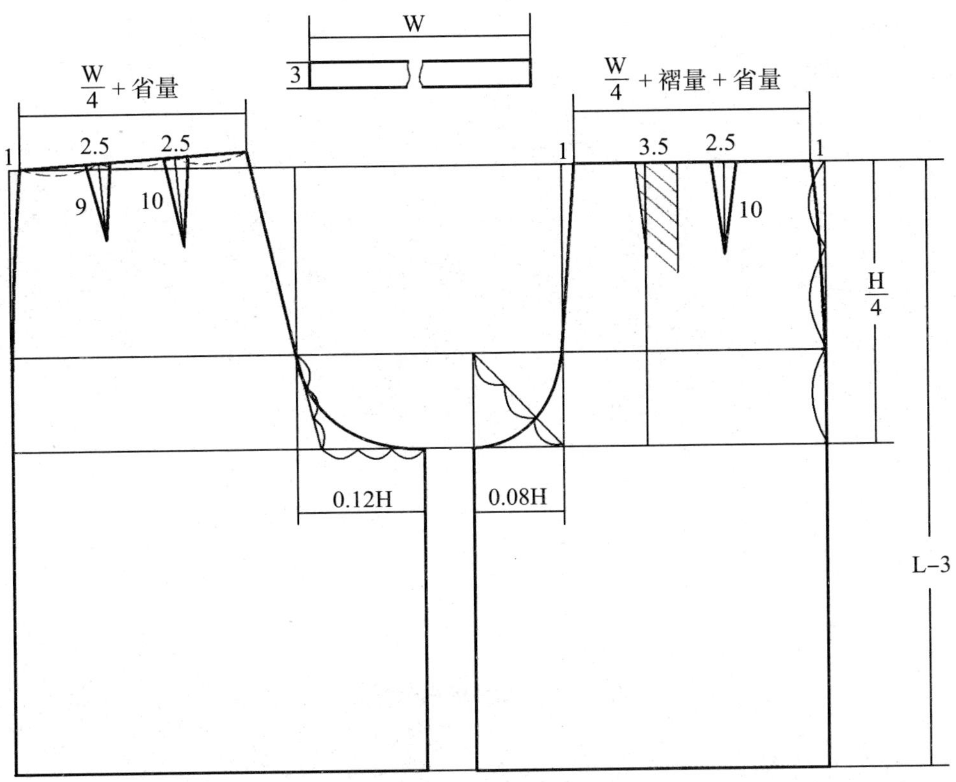

图 4-2-7　裙裤版型设计

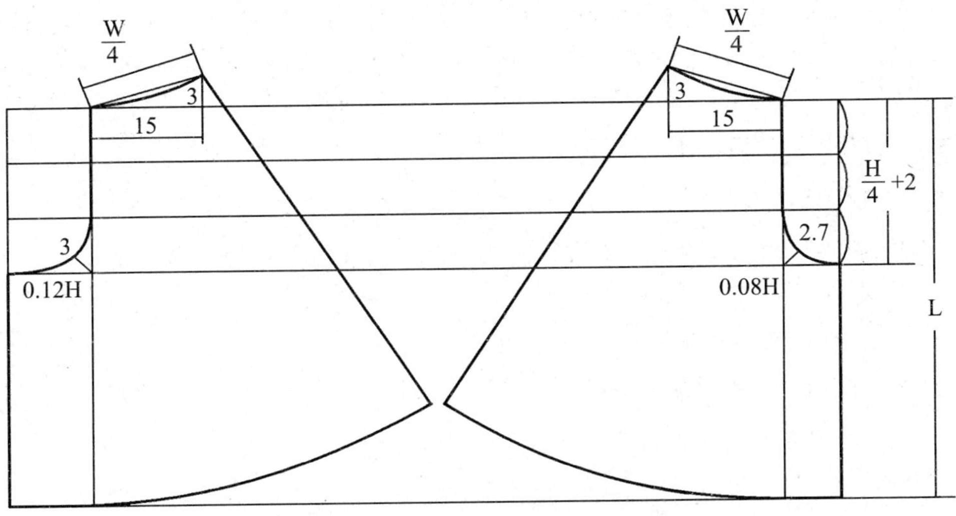

图 4-2-8　宽松裙裤版型设计

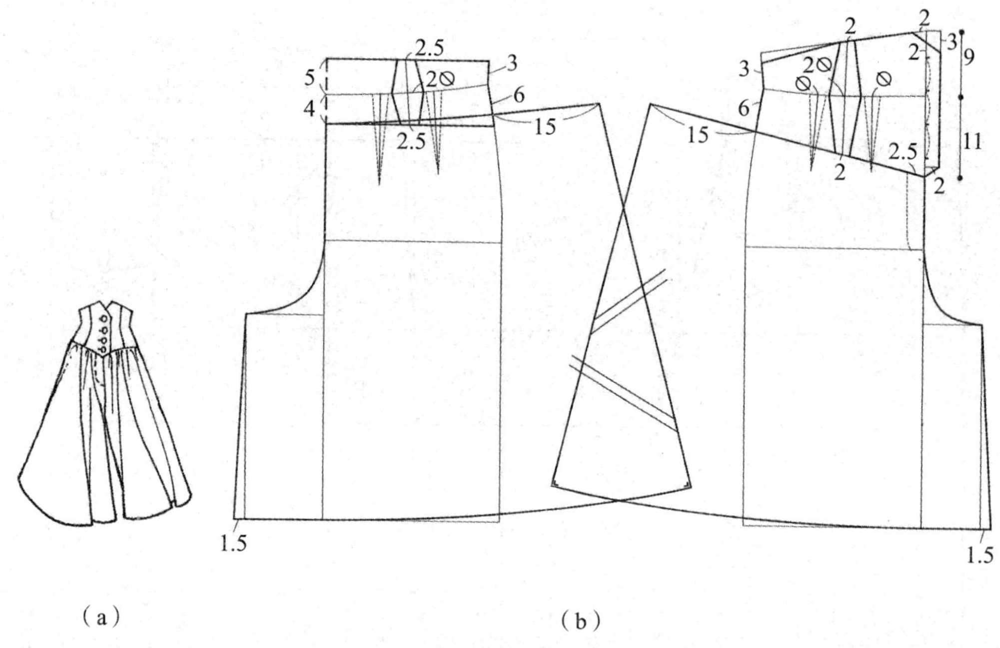

（a）　（b）

图 4-2-9　高腰裙裤版型设计

（二）短裤

1. 外部特征

短裤在外观上也可分为两种。一种是合体型，另一种是宽松型。合体型短裤的版型设计与原型裤型相同，只是将长度裁短即可。宽松型短裤臀部较宽松，透气性较好。在横裆宽不变的情况下，用增加下裆缝倾角的方法，既可使缝合后的成品裤装腹臀宽增加，又不影响外观造型。

2. 规格设计

① H=H*（净）+ 根据款式确定的放松量。

② W=W*（净）+（0 ～ 2）。

③立裆深 =H/4–2。

④前腰围 =W/4+ 褶量 + 省量。

⑤前臀围 =H/4–1。

⑥前横裆宽 =0.04H。

⑦后腰围 =W/4+ 省量。

⑧后臀围 =H/4。

⑨后横裆宽 =0.12H。

⑩落裆差为 2 ～ 3cm。

3. 版型设计

西装短裤版型设计，如图 4-2-10 所示。

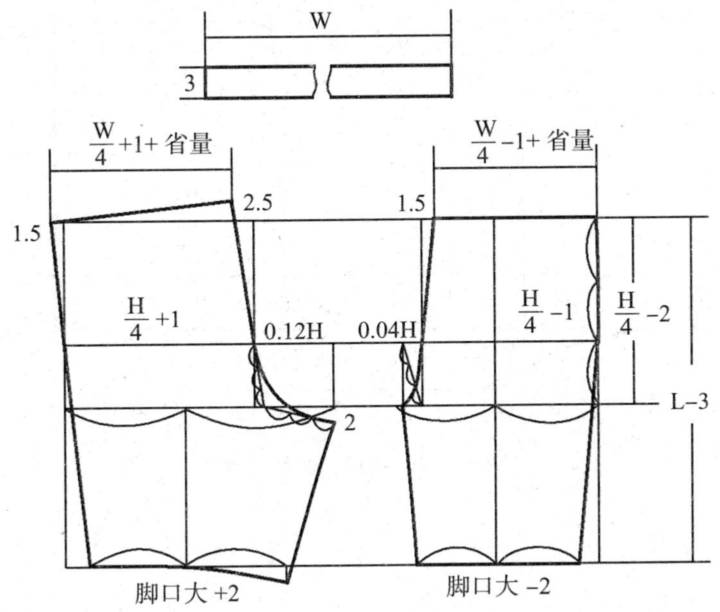

图 4-2-10　西装短裤版型设计

（三）田径裤

1. 外部特征

田径裤在西装短裤的基础上进一步加大下裆缝倾角，使前后落裆差加大，成品裤装的腹臀宽增大。

2. 规格设计

① H=H*（净）+12。

②前臀围 =H/4−1。

③前横裆宽 =0.07H。

④后臀围 =H/4+1。

⑤后横裆宽 =0.09H。

⑥落裆差为 3 ～ 5cm。

3. 版型设计

田径裤版型设计，如图 4-2-11 所示。

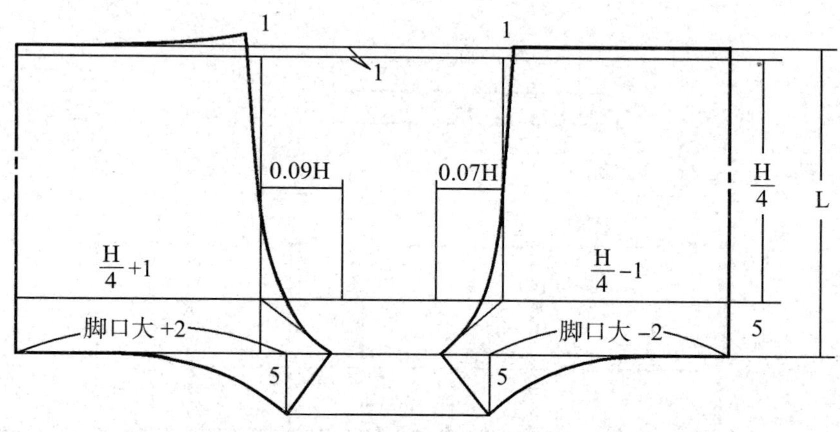

图 4-2-11　田径裤版型设计

（四）睡裤

1. 外部特征

臀部宽松，腰部松紧带设计，立裆较深，侧缝连折。

2. 规格设计

① H=H*（净）+（10 ～ 15）；

②前臀围 =H/4−1。

③前横裆宽 =0.07H。

④后臀围 =H/4+1。

⑤后横裆宽 =0.09H。

⑥落裆差为 3 ～ 5cm。

3. 版型设计

睡裤版型设计，如图 4-2-12 所示。

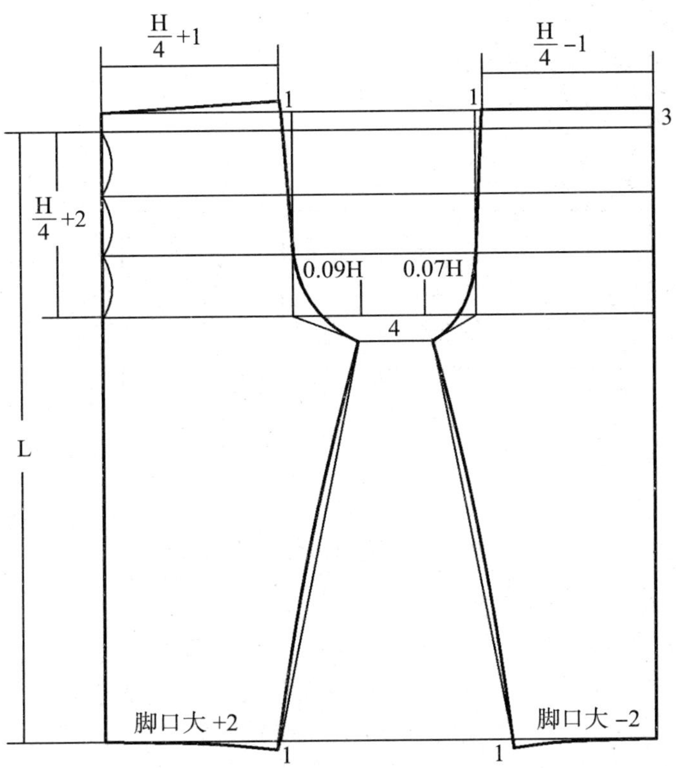

图 4-2-12　睡裤版型设计

（五）三角裤

1. 外部特征

三角裤是要求穿着较舒适的短裤，当前后下裆缝倾角均为 90° 时，前后落裆差为后裆宽减前裆宽，下裆长转为裆底宽，变为三角裤结构。

2. 规格设计

① H=H*（净）。

②前臀围 =H/4−1。

③前横裆宽 =0.07H。

④后臀围 =H/4+1。

⑤后横裆宽 =0.09H。

3. 版型设计

三角裤版型设计，如图 4-2-13 所示。

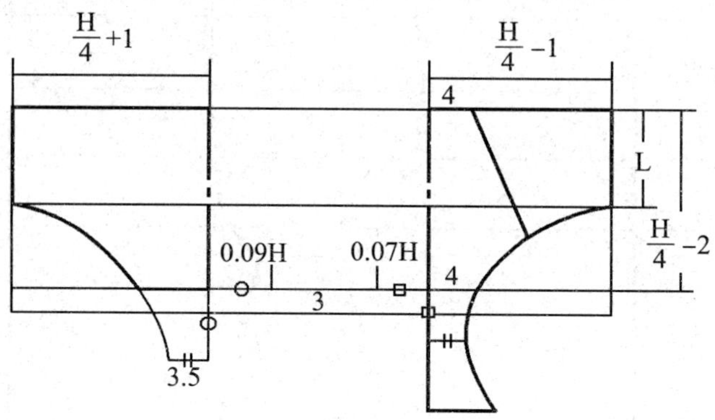

图 4-2-13　三角裤版型设计

第五章　衣领版型设计

衣领版型设计是服装设计中至关重要的环节，确保衣领能够贴合人体颈部线条，同时满足舒适性、美观性和功能性的需求。

第一节　衣领版型解析

一、衣领构成解析

（一）领圈的前后分配

如图 5-1-1 所示，领圈的前后分配是指颈侧点在领弧线上所处的位置，领围尺寸为 N 时，作图时采用五分法来分配前后领圈。前领圈 =3N/5，后领圈 =2N/5。服装制图是左右两片对称重叠，所以 N 的数值为整个领围尺寸的 1/2。

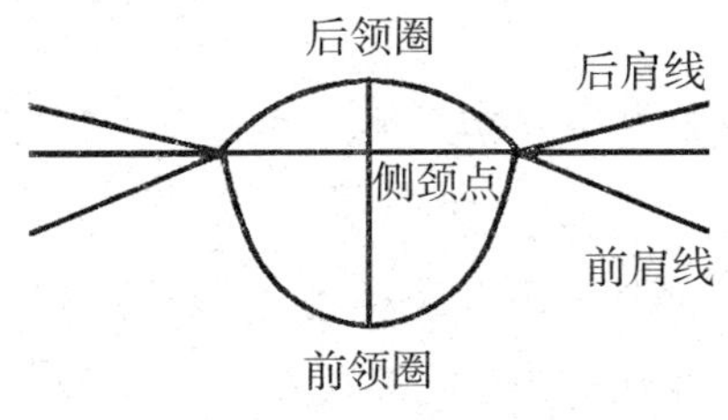

图 5-1-1　领圈前后分配

（二）前领深与前领宽的差数

根据人体颈部断面的形态分析，前领宽小于前领深 N/40 的差数。成人领围一般为 40cm。

①前领宽 =N/5-（0.7 ～ 1）。

②前领深 =N/5。

③后领宽 =N/5-0.5。

④后领深 =N/20+0.3。

二、衣领分类

（一）领口领

领口领是指有领窝而无领子，用领窝线的造型表示领型的领子，其结构有开口型和贯头型两种。领圈的形状可设计成多种几何形状，如圆形、方形、椭圆形、三角形、多边形、鸡心形、梯形等。

（二）关门领

第一个纽扣关闭衣领称为关门领，主要包括立领、翻折领、平领等种类。

1. 立领

立领是主要由领座部分构成的领款。

①单立领：包含底领而不包含翻领的衣领类型，典型的例子有中式领和学生装领等。

②翻立领：衣领由立领作为底领，翻领作为领面组合而成，常见实例包括衬衫领和中山装领等。

③连衣立领：此类衣领的特征在于其前端的一部分直接与衣身相连，形成独特的领型设计。

2. 翻折领

翻折领的领座部分与翻领部分连接成一体，其翻折线呈弧线状。

3. 平领

平领是翻折领的一种特殊状态，具体表现为后底领的领高为 0.5 ～ 1cm，前底领的领高近乎为零。从外观上来看，基本无领座，领子平平地贴在人体上。

（三）驳领

由领子前部与衣身组合的部分共同翻折而形成的敞开式衣领，其特点在于底领部分既可以是相连的，也可以是分离的。此类衣领的翻折线呈现出直线形状，典型的例子有西服领等。

第二节　无领版型设计

一、贯头型无领版型

如图 5-2-1 所示，贯头型无领版型指前中心没有开口，处于连折状态的无领版型。由于人体前胸呈倾斜状态，需通过做撇胸消除衣服在前中心线处不平服的余量，由于贯头型无领版型前中心不开口，则应将此量放在后领宽内。前领宽 =N/5–1，后领宽 = 前领宽 +1。

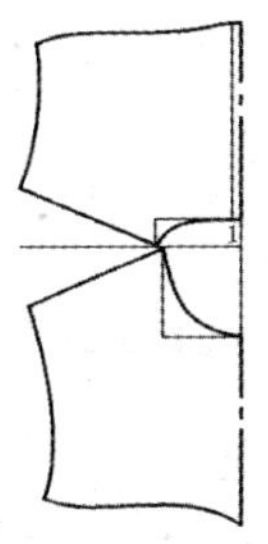

图 5-2-1　贯头型无领版型

二、开口型无领版型

如图 5-2-2 所示，开口型无领版型指的是在前中心线位置设有开口的结构。由于前中心线存在这一开口，因此可以设计撇胸量来消除服装可能产生的不平整余量。女性撇胸量一般取 1cm，前领宽 = 后领宽 –1。

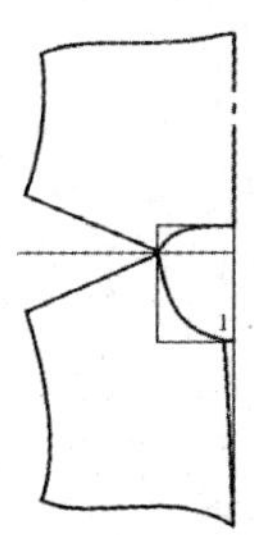

图 5-2-2　开口型无领版型

（一）V 型领

V 型领版型设计示意，如图 5-2-3 所示。

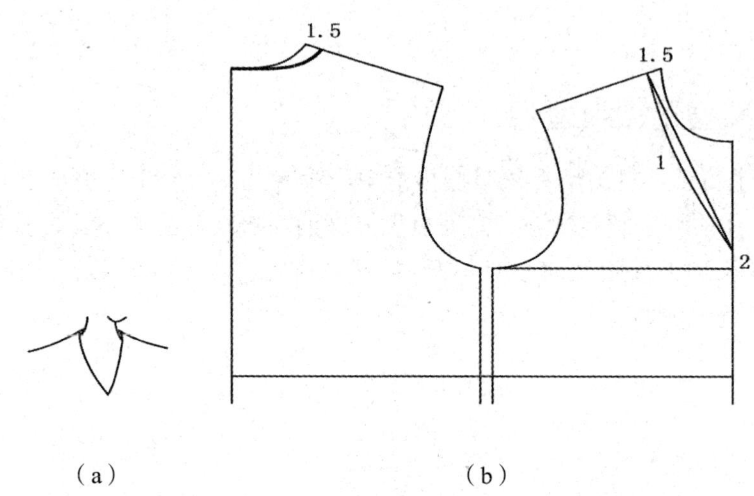

图 5-2-3　V 型领版型设计示意

（二）一字领

一字领版型设计示意，如图 5-2-4 所示。

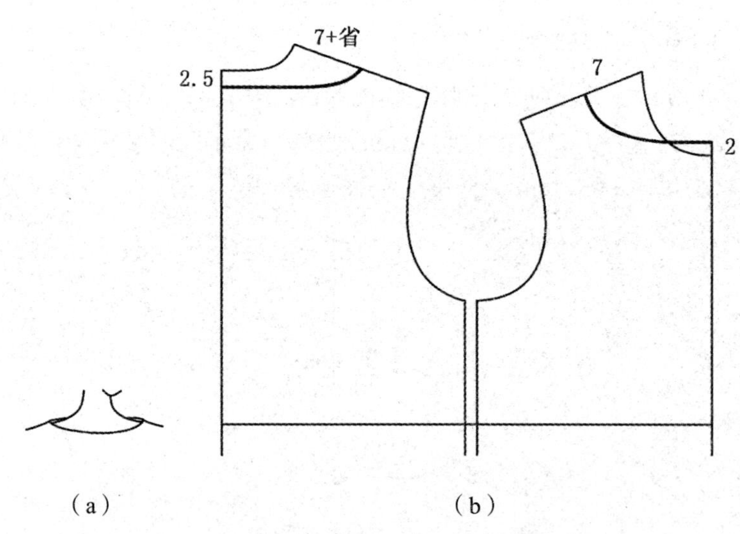

图 5-2-4　一字领版型设计示意

第三节　立领版型设计

一、立领的版型原理

如图 5-3-1 所示，立领的基本形状是长方形，长度等于领圈，宽度为领子的高度。

直立式立领的上口线和下口线呈平行状态。

内倾式立领是在直立式立领的基础上向上起翘变化成弧形，由于领上口线、下口线同时向上弯曲，使得两线长度产生了差数，即领上口线小于领下口线，领子贴近颈部，呈锥形状态。

外倾式立领是在直立式立领的基础上向下弯曲变化成弓形，领上口线、下口线同时向下弯曲，领上口线长度大于领下口线，领子离开颈部，呈倒锥形造型。

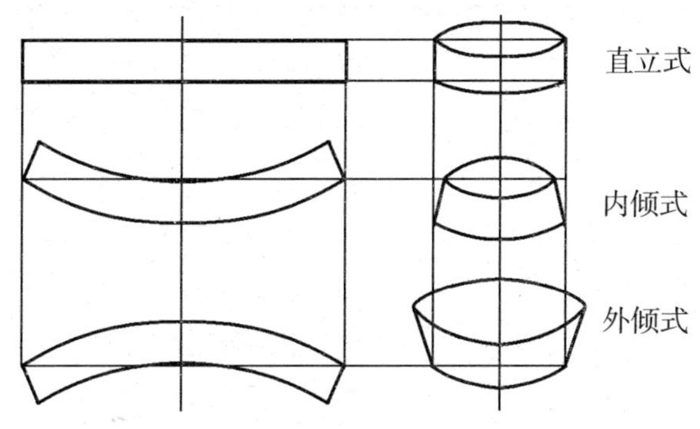

图 5-3-1　领型示意图

通常情况下，立领的上口边缘与下口边缘的长度差异为 2.5 ～ 3cm，这样的设计使得立领能够较好地贴合人体颈部的自然曲线。

在进行立领的平面版型设计时，其形状的调整将直接关联到其最终的立体呈现效果。影响这一效果的主要因素有两个：一是领子的起翘朝向；二是领上口边缘与下口边缘之间的长度差异。具体而言，起翘量越大，则领上口边缘与下口边缘之间的长度差值也会相应增大。在变化过程中，领下口线只有曲率的变化，而无长度的变化，其长度始终保持一致。当领子向上起翘时，领上口线长度变短，领子与颈部间隙变小，如处理不当则会影响其功能性。在设计时，既要考虑造型效果，又要留有一定的设计余地。当领子呈现向下弯曲的形态时，会导致领上口线的长度增加，同时领子与颈部的空间也会变大，从而在视觉上形成倒锥形的外观。在进行设计时，通常的规律是，领子的高度越高，其领上口线的长度也会随之增大，相应地，领子的起翘量也会变得更大。

二、立领版型设计方法

立领版型设计示意，如图 5-3-2 所示。

①作长方形，长度 AB=DC=N/2，宽度 AD=BC= 领高。

②将 AB 线三等分，如图，取一个等分点 E。

③在 BC 线上取 F 点，BF=1.5cm，连接 EF，修整领下口线 AF。

④过 F 点作 EF 的垂线 FG，取 FG= 领高。

⑤修整领上口线 DG，完成立领制图。

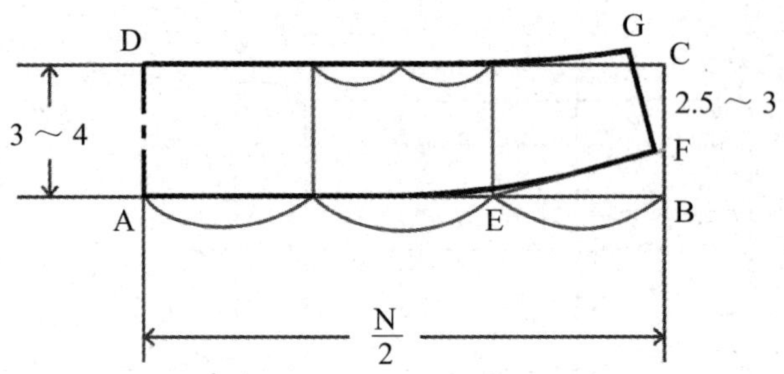

图 5-3-2　立领版型设计示意

通常情况下，起翘量为 1.3 ～ 2cm。若起翘量小于 1cm，领子在视觉上会显得无倾斜感，且在缝制圆形领圈时，容易出现扭曲现象，影响整体的外观效果。相反，当起翘量超过 2cm 甚至达到 3cm 以上时，虽然从版型设计的角度来看是合理的，并且会进一步增强领子的锥形特征，但从功能性的角度来看，过大的上翘弧度会使得立领上口尺寸小于颈围，从而引发不适感。为了解决这个问题，需要适当增大基本领圈的尺寸，使领子的一部分融入衣身，以确保穿着的舒适性。具体而言，当起翘量为 3cm 时，基本领窝的前后领围线需要分别增大 0.3cm；而当起翘量达到 4.4cm 时，基本领窝的前后领围线则需增大 0.6cm；以此类推。

在设计立领时，领高的设定通常以颈长的 1/3 至 1/2 为宜，过高的领高并不推荐。如果立领的高度过高，甚至超过颈长，那么领上口线的长度将会大于下口线长度，此时领子可以设计为可向下翻折的款式，成为兼具立领和翻领功能的两用领。对于这类领型的设计，不仅要充分考虑到其作为立领时的外观效果，还需兼顾其翻折为翻领时的造型表现。

（一）普通立领

普通立领版型设计，如图 5-3-3 所示，立领高为 3.5cm，前中心起翘量为 1.5cm，叠门宽为 2cm。

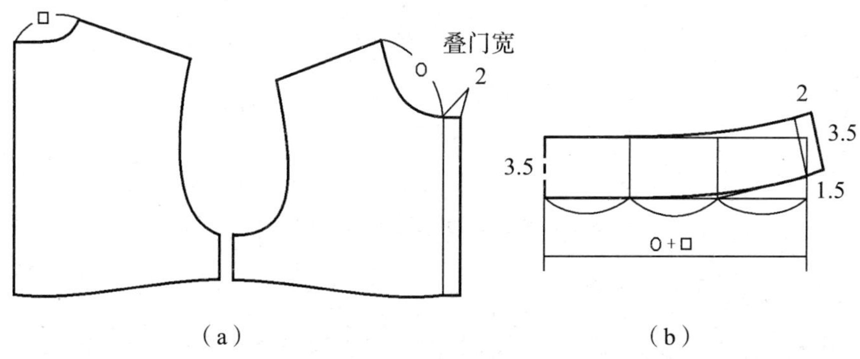

图 5-3-3　普通立领版型设计

（二）大起翘量立领

当前中心起翘量大于 3cm 时，起翘量每增加 1.4cm，前后领窝的领围线将增加 0.3cm。当前中心起翘量为 6cm 时，前后领窝领围线的增大量最小为 1cm。大起翘量立领版型设计，如图 5-3-4 所示。

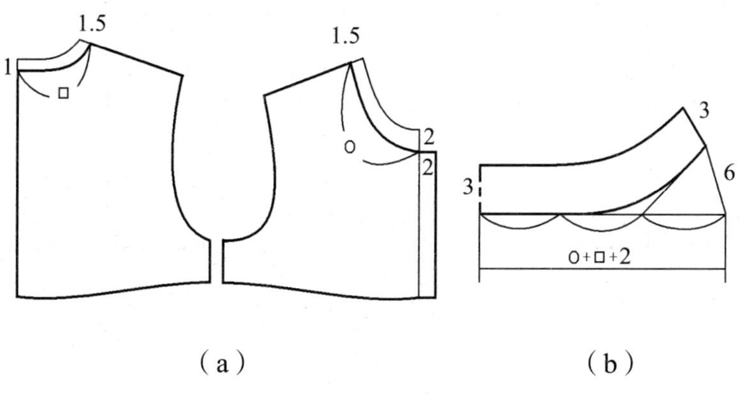

图 5-3-4　大起翘量立领版型设计

（三）部分连衣立领

部分连衣立领版型设计，如图 5-3-5 所示。

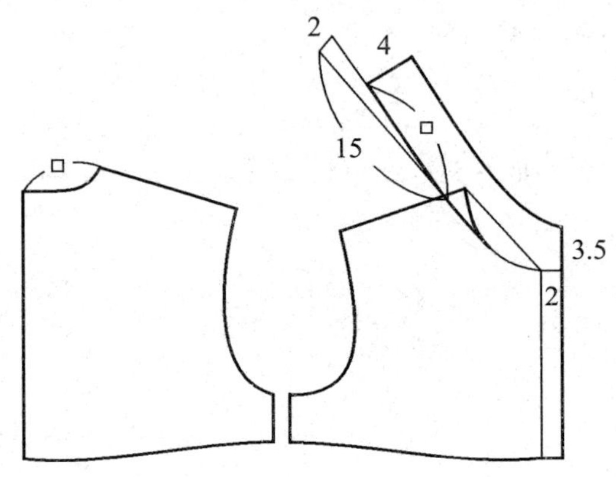

图 5-3-5　部分连衣立领版型设计

1. 省道处理方法

过领下口线与领圈的交点设计领省，使领子与衣身的重叠部分分离，领圈与领下口线之间的宽度在2cm左右，此量作为缝份。省道处理方法，如图 5-3-6 所示。

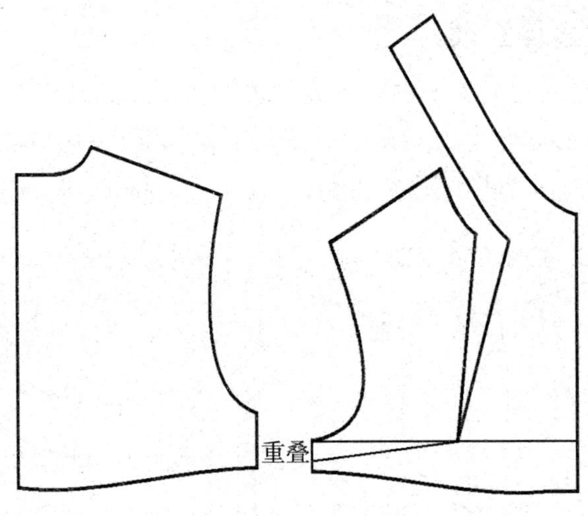

图 5-3-6　省道处理方法

2. 分割处理方法

过领下口线与领圈线的切点，按照一定的款式造型，作出分割线，分解成两个单独的衣片。再将分离出来的衣片与其他相关的衣片组合，形成一种新的造型。分割处理方法，如图 5-3-7 所示。

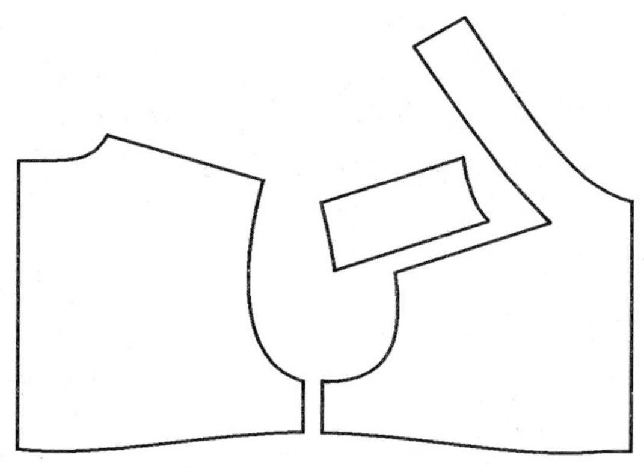

图 5-3-7　分割处理方法

3. 放大前后领宽处理方法

放大前后领宽可以弥补领上口尺寸的不足，达到功能性与审美的最佳效果。放大前后领宽处理方法，如图 5-3-8 所示。

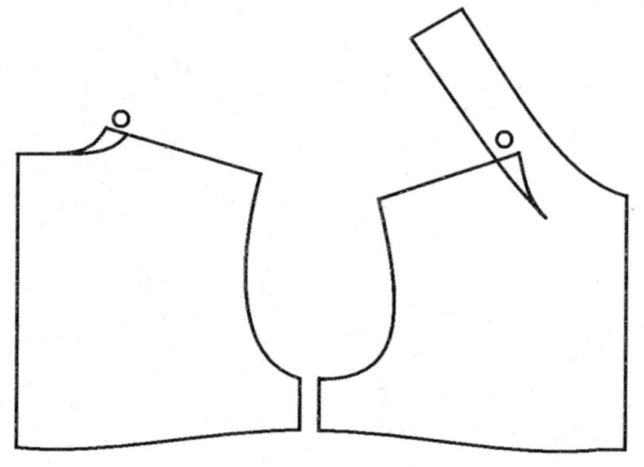

图 5-3-8　放大前后领宽处理方法

（四）全连衣立领

全连衣立领版型设计，如图 5-3-9 所示。

①过前后侧颈点分别处作垂直于胸围线的线，取长度为 2cm。由侧颈点沿肩斜线向外延伸 2cm，用弧线连接两点，形成前后相等的长度约为 4cm 的立领侧面高度。

②将前后领深分别挖深 1cm，并沿前后中心线延长 3cm，分别形成 4cm 的前后立领高度。

③画出领上口线和领下口线。

④过前后领上口线的 1/2 处，分别与腋下省省尖和肩省省尖连线，并用剪贴法将省道转到连线内，使腋下省和肩省转移成领省。

⑤修整领省。

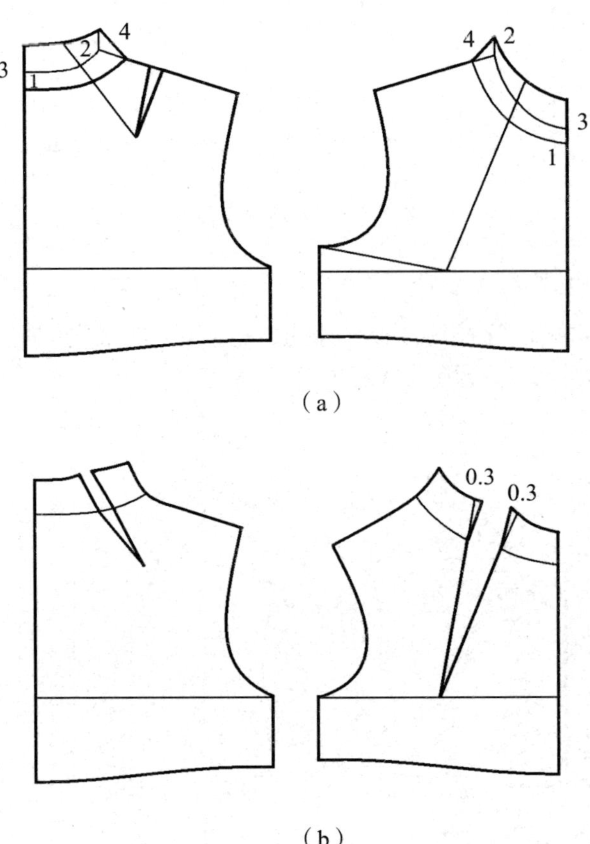

（a）

（b）

图 5-3-9 全连衣立领版型设计

（五）翻立领

翻立领版型设计，如图 5-3-10 所示。

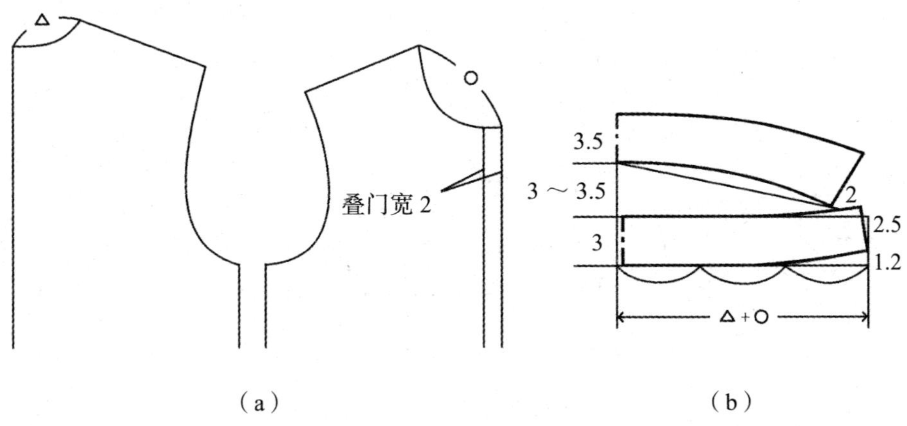

图 5-3-10　翻立领版型设计

第四节　翻折领版型设计

一、翻折领版型设计原理

翻折领版型设计原理，如图 5-4-1 所示。

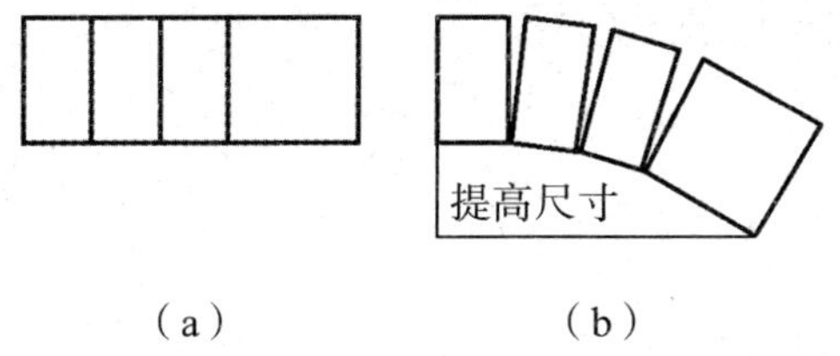

图 5-4-1　翻折领版型设计原理

翻折领在运用直角作图时，后中心必须提高一定的尺寸。提高的尺寸越大，所形成的领子领座高就越小；提高的尺寸越小，所形成的领子领座高就越大。翻折领后中心不同提高量示意，如图 5-4-2 所示。

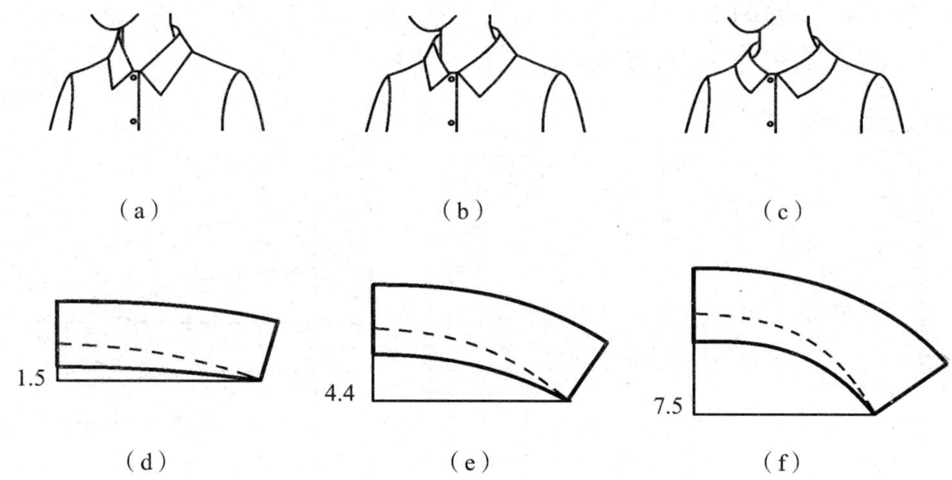

图 5-4-2　翻折领后中心不同提高量示意

若领座的提升尺寸为 1.5 ～ 3cm，则形成的领子领座高度通常为 3.5 ～ 4cm，此时领子的造型与颈部贴合紧密。

当领座的提升尺寸达到 4 ～ 6cm 时，所形成的领子领座高度会变为 2.5 ～ 3cm，此时领子与颈部的贴合度降低，不再紧贴。

若领座的提升尺寸为 7 ～ 12cm，所形成的领子领座高度会小于 2.5cm，领子与颈部之间将有一定的距离，显得较为宽松。

通常情况下，领座的高度被设计为 3 ～ 4cm，以满足一般的穿着需求。因此，在选择后中心提高量时，4 ～ 6cm 是一个常见的选择，既能保证领子的美观，又能确保穿着的舒适度。

二、翻折领版型设计方法

（一）翻折领

翻折领版型设计，如图 5-4-3 所示。

（二）有领台翻折领

有领台翻折领版型设计，如图 5-4-4 所示。此领型为立领与翻领的组合，立领部分起翘量可取 1.5 ～ 2cm，翻领部分后中心提高尺寸可取 3 ～ 4cm。

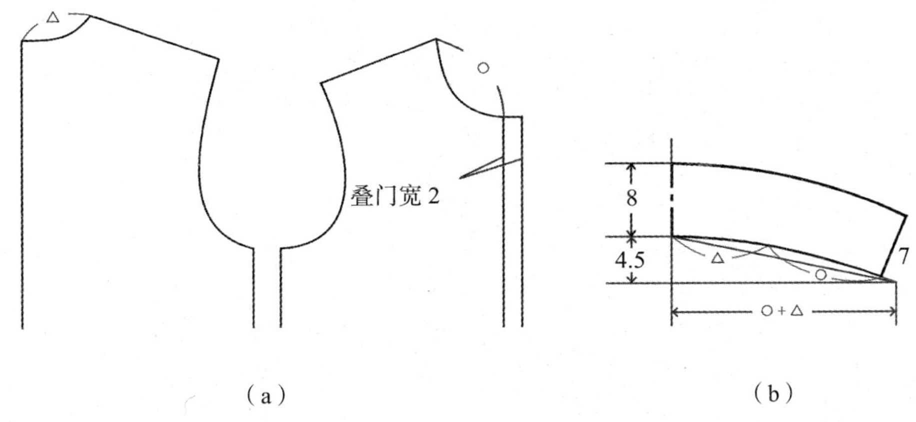

图 5-4-3　翻折领版型设计

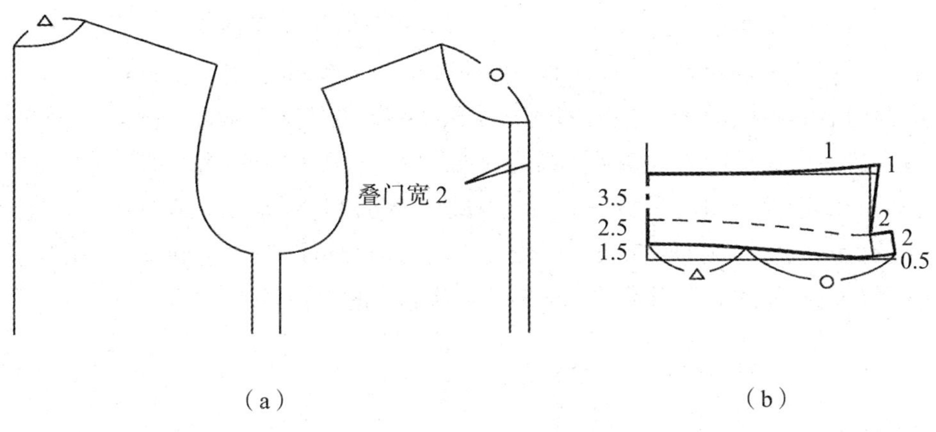

图 5-4-4　有领台翻折领版型设计

三、平领版型设计方法

平领是翻折领的一种特殊形式，领子平平地贴身，领座高小于或等于 1cm。绘制平领版型图时，要将前后侧颈点对齐，使前后肩端点重叠前肩线长的 1/4，由此产生领口曲线，然后根据领型款式，直接在前后衣片上设计出平领领型，完成平领版型图。平领版型设计，如图 5-4-5 所示。

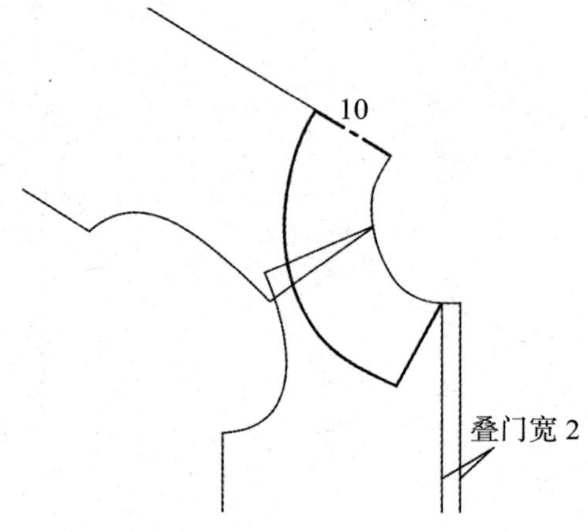

图 5-4-5　平领版型设计

当前后肩缝不重叠时，领子飘浮，领圈线缝合处容易露出，影响服装的美观度。

当前后肩的重叠量达到 1cm 时，所形成的领子几乎不带领座。

若前后肩的重叠量为 2.5cm，那么形成的领子领座高度约为 0.6cm。

当前后肩的重叠量增至 3.8cm 时，领子的领座高度会达到约 1cm。

特别地，当前后肩的重叠量同样为 3.8cm 时，领子的领座高度精确为 1cm。

前后肩的重叠量的最小值是 1cm，而最大值可以达到 5cm。值得注意的是，重叠量的极限值可以达到 6.3cm，尽管在实际应用中可能较少达到这一极限。一般情况下，也可根据前后肩宽的 1/4 来确定前后肩的重叠量。

第五节　驳领版型设计

驳领是广泛应用于各类服饰的领型，其设计灵感源自西装领结构。驳领各部位名称，如图 5-5-1 所示。驳领由领座、翻领及驳头三大元素巧妙融合而成，展现出多样化的设计风格。驳领的外观造型多变，内在结构富于变化，不拘泥于固定模式。其前部平整地贴合于人体胸部，能够巧妙地展现出内搭服装，营造出丰富的层次感。而后部则设有领座，使得整个领型呈现出前低后高的倾斜度，既美观又实用。由于驳领内部通常衬以硬领衬衣，所以其总领宽要在基本领圈基础上增大 1 ～ 1.5cm。

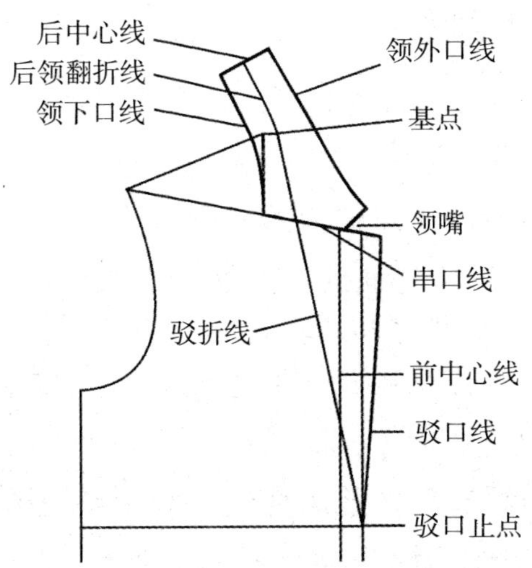

图 5-5-1　驳领各部位名称

一、基点位置的设计

基点作为连接驳口止点并确定驳口线的关键要素，其确定方式有两种。第一种方法是通过延长肩线来进行的：从侧颈点出发，在肩线的延长线上量取领座高度减去 0.5cm 的位置，即基点所在。另一种方法则是从侧颈点出发，在领宽线上进行量取：取领座高度的 2/3 处作为基点的位置。这两种方法都能准确地确定基点的位置，以满足驳口线设计的需要。基点确定方法，如图 5-5-2 所示。

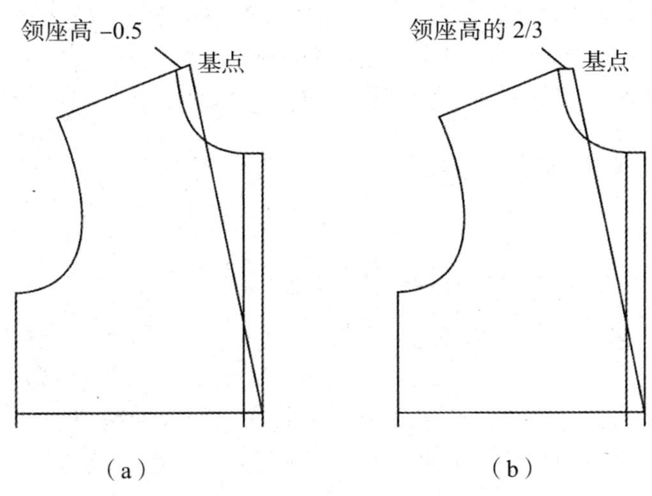

图 5-5-2　基点确定方法

二、倒伏量影响因素

一般情况下，倒伏量平均值为 2.5cm。与之相匹配的三个条件：翻领宽与领座高之差为 1cm，驳口止点在腰线附近，领子带有领嘴。

（一）倒伏量与驳口止点位置的关系

当驳口止点显著提升时，驳折线与后领圈线的弧度会相应增大，进而使得领外口弧线的长度需求增加。为了满足领子的造型要求，必须相应地增加倒伏量，以确保领子能够贴合这一新的造型。驳口止点提升的程度越大，所需增加的倒伏量也就越多。

（二）翻领宽与领座高之差的变化对倒伏量的影响

在常规情况下，若翻领宽与领座高的差值保持在 1cm 左右，领下口线的曲度会相对较小。然而，当总领宽增加时，由于人体的颈长是固定的，同时要保证领子的功能不受影响，因此增加的部分通常会向肩部的外围延伸，即主要体现在翻领宽的增加上，而非领座高的提升。这就意味着需要增加领面的宽度比例和容量，即增大倒伏量。换言之，当翻领宽与领座高的差值增大（大于 1cm）时，应当相应地增大倒伏量。

（三）面料性能对倒伏量的影响

服装面料对结构的影响是由面料性能所决定的。服装面料应具有较强的可塑性，可进行归拨熨烫处理。可利用面料的这种特性，设计一定的立体造型。面料中的粗纺面料和精纺面料的可塑性又有区别，粗纺面料的可塑性要优于精纺面料的可塑性。一般情况下，毛织物和粗纺织物的可塑性强，倒伏量可以小一些；而人造纤维和精纺织物可塑性较差，倒伏量可以适当增加。

三、驳领版型设计方法

驳领版型设计，如图 5-5-3 所示。

①绘制驳折线。叠门宽为 2cm，驳口止点取在腰线下方 2cm 左右，前中心线与腰线的交点为第一粒扣的位置。在前领宽线上，以侧颈点为起点取领座高的 2/3，领座高设计为 2.5 ～ 3cm，该点为基点。连接基点与驳口止点，得到驳折线。

②绘制驳平线。过侧颈点作驳折线的平行线，作为绘制领下口线的辅助线。

③绘制串口线。取肩线 1/2 或 1/3 点，与前颈点连接，该线为串口线。

④绘制驳口线。垂直于驳折线取领宽为 8cm，交于串口线上一点，连接此点

与驳口止点，用凸线画出驳口线。

⑤确定领嘴。在串口线上取驳领领角宽 3.5 ～ 4cm，作 60° 领嘴，在此线上取驳领领角宽减去 0.5cm，即 3 ～ 3.5cm。

⑥确定倒伏量。从侧颈点作等腰三角形，三角形腰长为后领窝围度，三角形的底边宽为 2.5cm 的倒伏量，确定领下口线位置。

⑦确定后领宽。以等腰三角形的一角为定点，作领下口线的垂线，在此线上取领座高 2.5cm，翻领宽 3.5cm。

⑧连接领外口线。

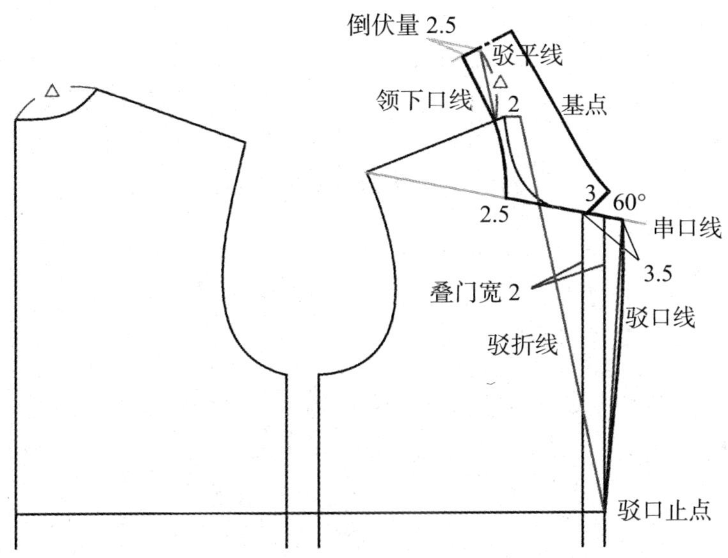

图 5-5-3　驳领版型设计

（一）双排戗驳领

双排戗驳领版型设计，如图 5-5-4 所示。

（二）青果领

青果领版型设计，如图 5-5-5 所示。

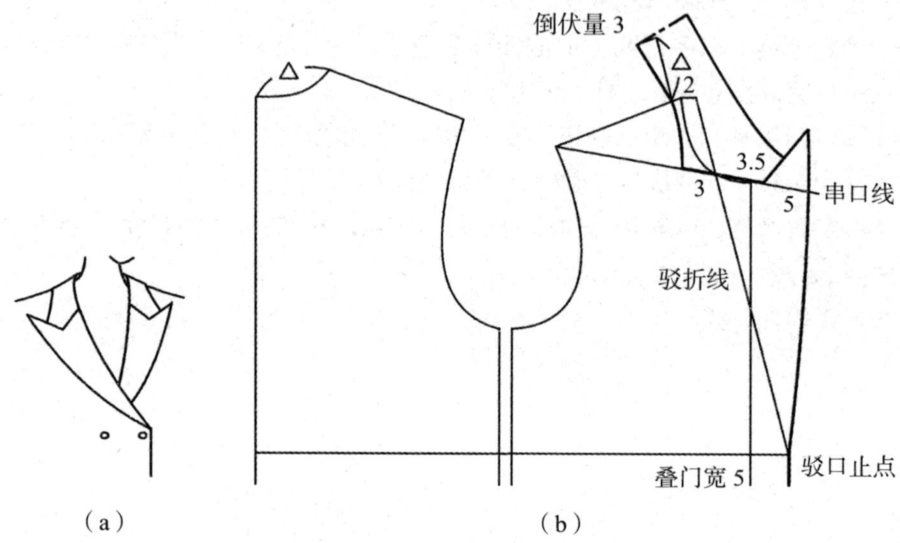

图 5-5-4　双排戗驳领版型设计

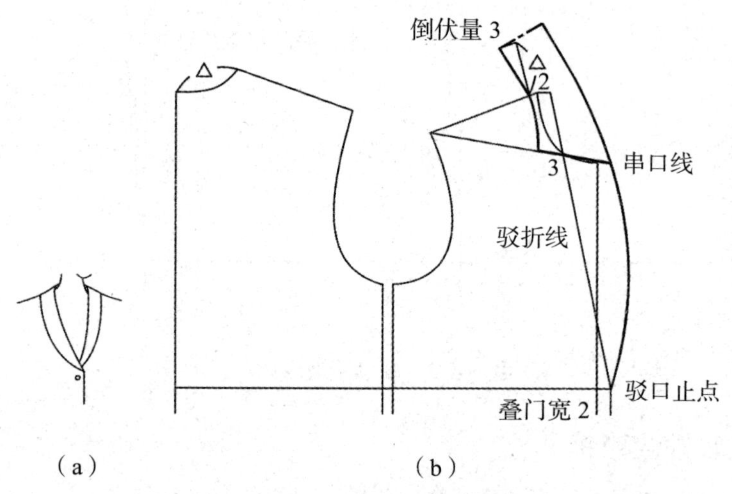

图 5-5-5　青果领版型设计

（三）低串口线驳领

低串口线驳领版型设计，如图 5-5-6 所示。

（四）高串口线驳领

高串口线驳领版型设计，如图 5-5-7 所示。

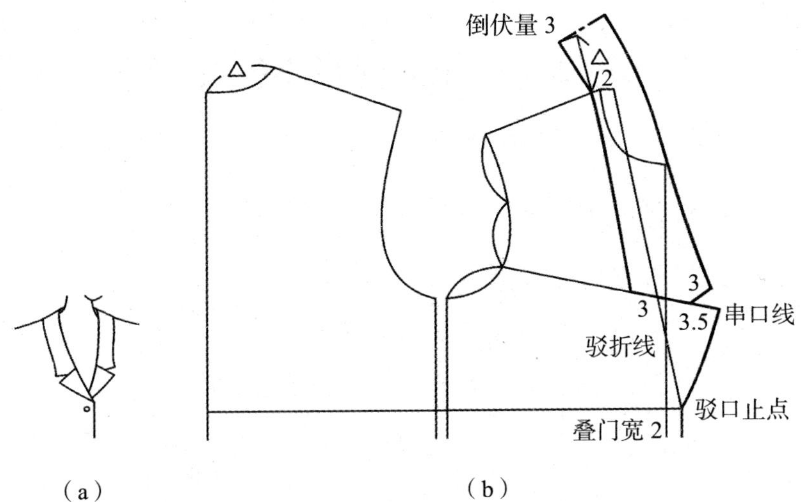

图 5-5-6　低串口线驳领版型设计

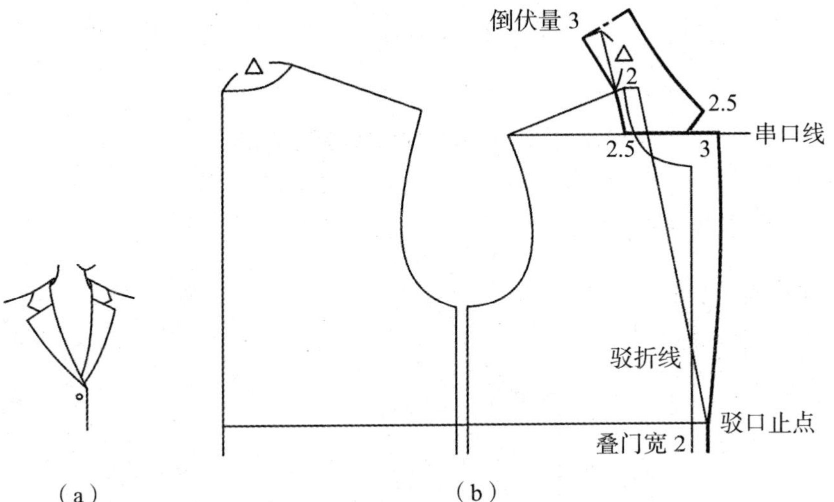

图 5-5-7　高串口线驳领版型设计

第六节 花式领版型设计

一、折线型领口领

折线型领口领版型设计，如图 5-6-1 所示。

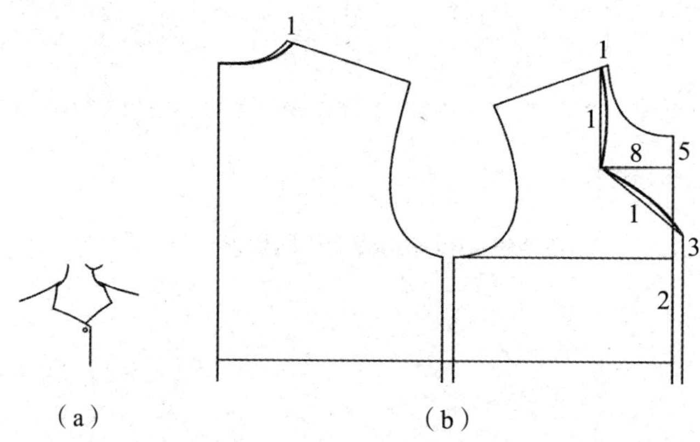

图 5-6-1 折线型领口领版型设计

二、不对称领口领

不对称领口领版型设计，如图 5-6-2 所示。

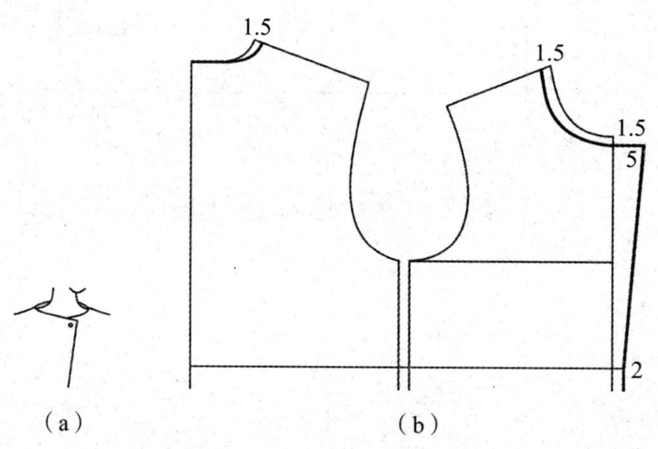

图 5-6-2 不对称领口领版型设计

三、贴边领口领

贴边领口领版型设计，如图 5-6-3 所示。

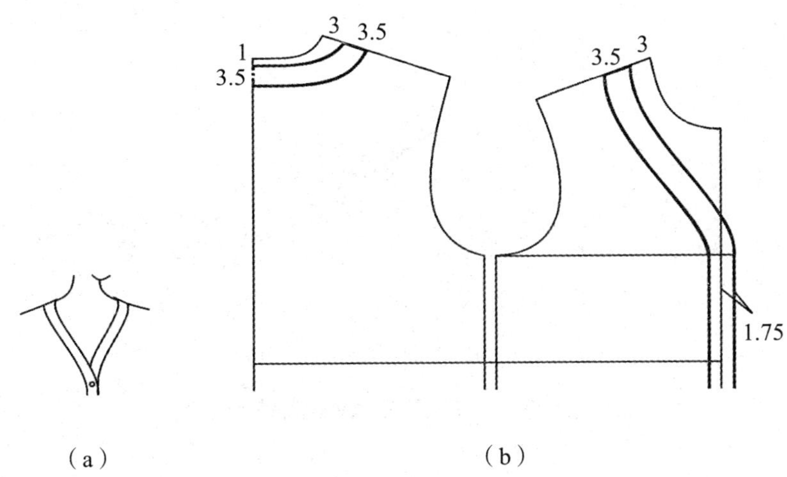

图 5-6-3　贴边领口领版型设计

四、中式立领

中式立领版型设计，如图 5-6-4 所示。

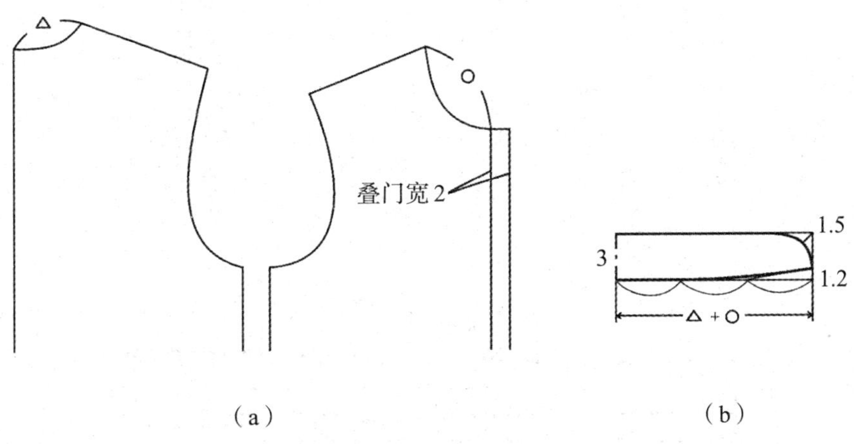

图 5-6-4　中式立领版型设计

五、不对称立领

不对称立领版型设计，如图 5-6-5 所示。

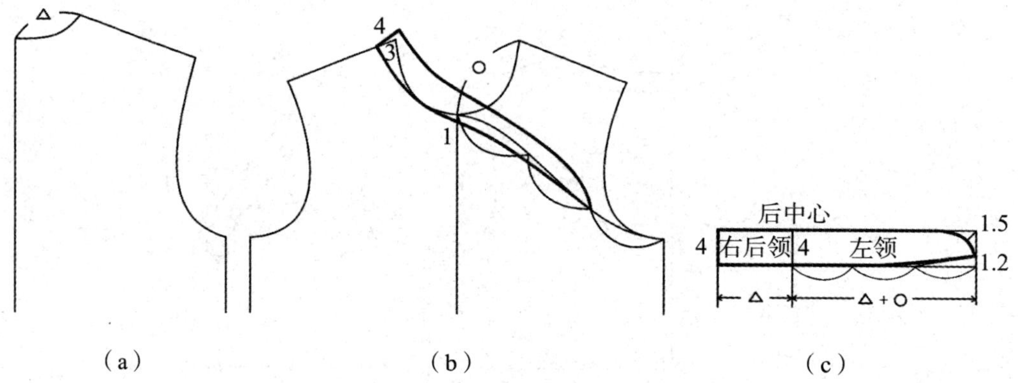

（a）　（b）　（c）

图 5-6-5　不对称立领版型设计

六、丝带领

丝带领版型设计，如图 5-6-6 所示。

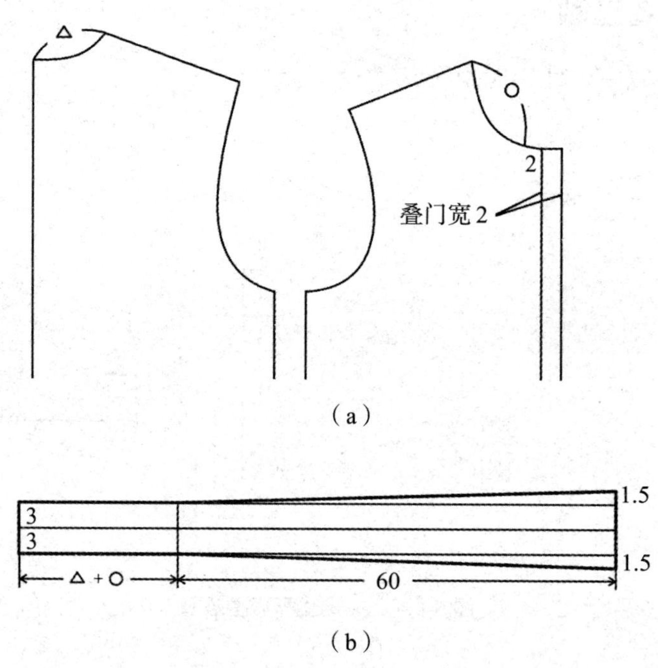

（a）

（b）

图 5-6-6　丝带领版型设计

七、垂领

垂领版型设计，如图 5-6-7 所示。

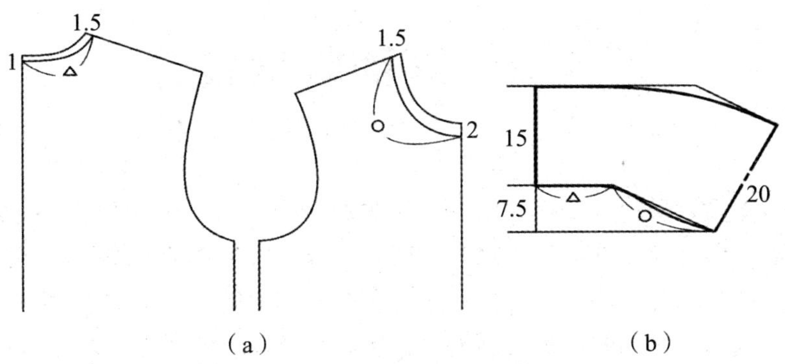

图 5-6-7　垂领版型设计

八、海军领

海军领版型设计，如图 5-6-8 所示。

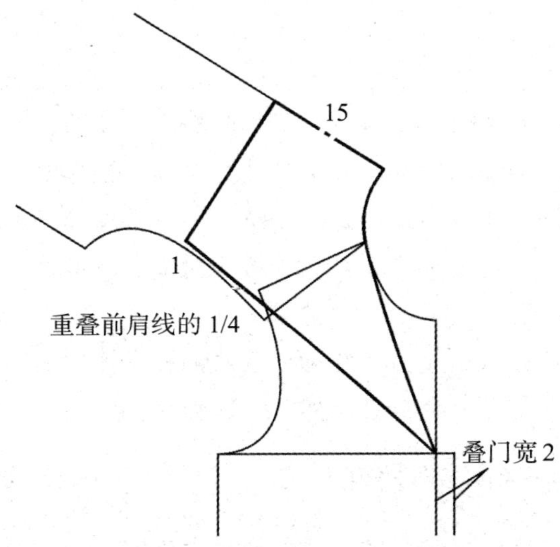

图 5-6-8　海军领版型设计

第六章　衣袖版型设计

衣袖版型设计确保衣袖能够符合人体手臂线条，也需要考虑手臂的活动范围和动作特点，以确保衣袖的舒适性和功能性。设计师可以通过调整衣袖的形状、大小、材质和装饰等元素，来增强服装的美感和时尚感。根据穿着环境和需求，设计师可以选择合适的衣袖类型和材质，以满足穿着者的实际需求。

第一节　衣袖版型解析

一、衣袖的分类

根据衣袖的装接工艺分类：装袖（又称圆袖）、连袖、装连袖（插肩袖）。

根据衣袖的袖窿与袖山的配合关系分类：直袖、泡泡袖、蝙蝠袖等。

根据衣袖袖口的变化分类：灯笼袖、喇叭袖、马蹄袖、羊腿袖、花瓣袖等。

根据衣袖袖长的变化分类：无袖、盖袖、短袖、五分袖、七分袖、腕上袖、长袖等。

根据衣袖的裁片数量分类：一片袖、两片袖和多片袖。

根据衣袖的合体程度分类：合体袖、宽松袖。

二、袖窿的版型设计原理

袖窿的版型设计需依据服装的款式与风格来确定。通过对人体腋窝形状的分析及满足人体功能性需求的考量，服装袖窿深的基本设计公式为 1.5B/10+3+x，这里的 B 代表胸围尺寸，而该公式计算的是从肩端点到胸围线的净袖窿深度，并不包含从肩端点到上平线的落肩量。

在基本公式中，x 作为调节数，其取值主要依据服装的款式与风格来确定。值得注意的是，由于服装款式差异所导致的袖窿深变化量已经包含在胸围尺寸 B 中，因此在计算时无须额外考虑。

具体来说，调节数 x 的取值范围如下：对于合体型服装，x 的取值通常为 0 ～ 1cm；对于较合体型服装，x 的取值为 1 至 2cm；对于较宽松型服装，x 的取值则为 2 ～ 3cm；而对于宽松型服装，x 的取值会大于 3cm。因此，袖窿深的最终计算公式：1.5B/10+3+x。

三、袖山设计相关因素

如图 6-1-1、图 6-1-2 所示，分别为袖山与袖窿关系、袖山与袖肥关系。在袖山直角三角形中，袖山高与袖宽成反比例关系。袖山越低，袖宽越大；反之，袖山越高，袖宽越小。在袖山设计中，袖山高、袖宽、α 角和袖窿围是四个重要的相关因素。

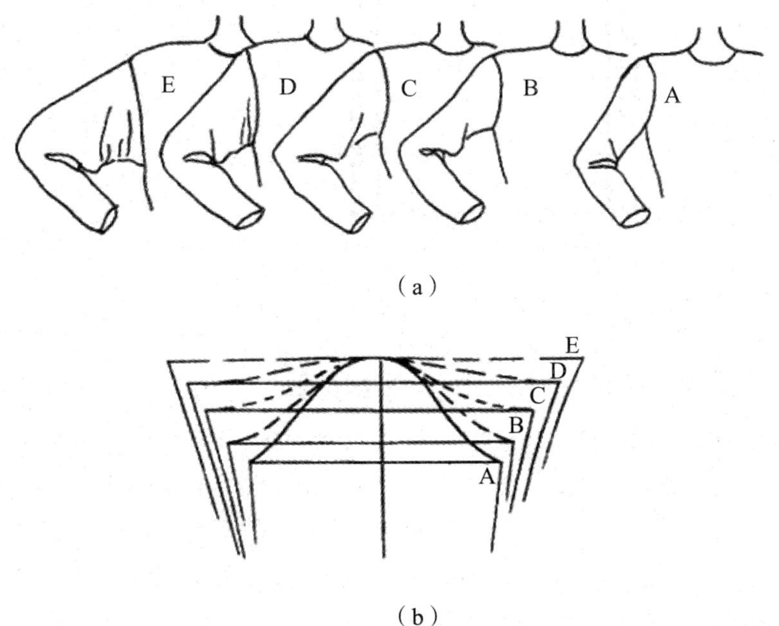

图 6-1-1　袖山与袖窿关系

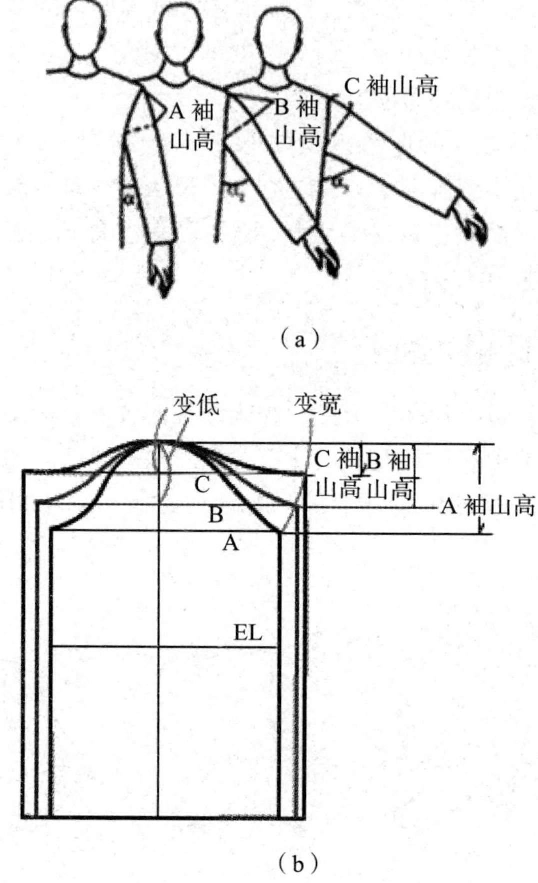

图 6-1-2　袖山与袖肥关系

（一）合体型衣袖的袖山高和袖宽计算

合体型衣袖与水平线成 45° 角，即 α 角为 45°，是功能性和审美效果最好的衣袖。根据实测数据可知，原型衣袖 AH=0.44B。为了计算方便，一般取袖山高为 B/10+（5 ～ 6）。这种袖型由于缩缝量增大，故需增加 0.01B 的袖宽，即袖宽为 0.17B。为了便于计算，可采用公式：袖宽 =2B/10+（2 ～ 3）。女西装、大衣类的衣袖设计都可以采用这种计算方法。

（二）较合体型衣袖的袖山高和袖宽计算

较合体型衣袖与水平线成 30° 角，即 α 角为 30°。为了计算方便，则取袖山高 =B/10+1cm，袖宽 =2B/10–1cm。女春秋装的衣袖设计均可采用这种计算方法。

（三）较宽松型衣袖的袖山高和袖宽计算

较宽松型衣袖与水平线的夹角 α 为 21°。由肩端点向下作垂线，取垂线长度 =AH/2，则以此垂线作为袖山对角线。袖山高 =2B/10–2，袖宽 =B/10+1。

（四）宽松型衣袖的袖山高和袖宽计算

宽松型衣袖和袖窿缝合后，与水平线成 0°，则袖山高 =0，袖宽 =0.22B。为了计算方便，则取袖宽 =B/10+2。

第二节　一片袖版型设计

一、原型法

①将原型衣袖的袖山高提高 2cm 的容量，并修顺袖山曲线，此量可依据面料的性能进行调整。

②根据手臂的自然弯度，将原袖口线在袖口处向前移动 2cm，作为一片袖的袖中线。

③确定前后袖口宽，连接前后内缝辅助线，并在袖肘线处作出前手袖弯 1cm，完成前后内袖缝线。

④肘省量为前后袖内缝长度之差。

⑤完成一片袖版型设计。

一片袖原型法版型设计，如图 6-2-1 所示。

二、比例分配法

①确定服装的胸围 B，袖长 SL，袖窿长 AH。

②确定袖山高 =AH/2+（4 ～ 5）。在袖山三角形中，AB=AH/2，AC=AH/2+1。

③量出从袖山顶点至袖肘线的距离，即 SL/2+（5 ～ 6）。

④完成一片袖版型设计。

一片袖比例分配法版型设计，如图 6-2-2 所示。

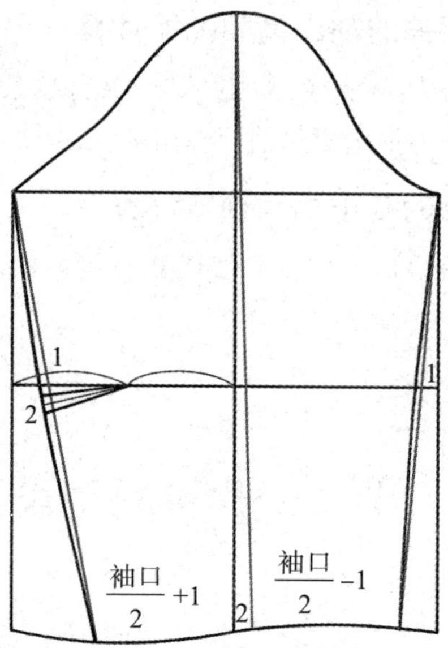

图 6-2-1　一片袖原型法版型设计

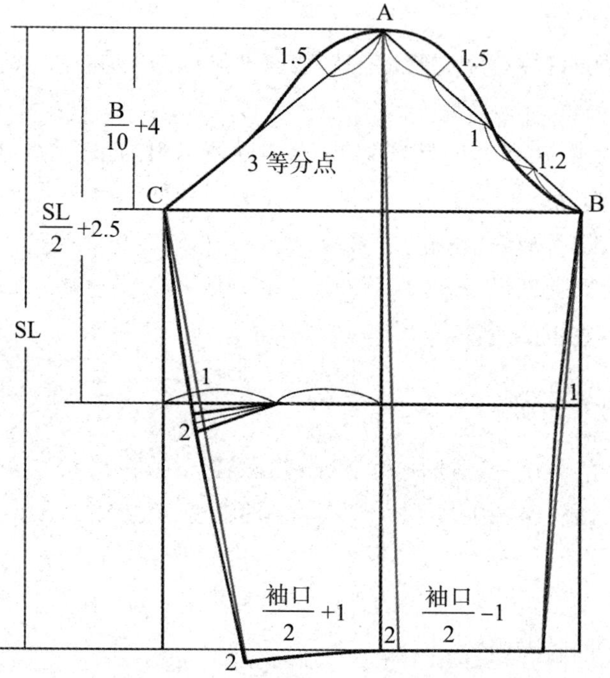

图 6-2-2　一片袖比例分配法版型设计

第三节　两片袖版型设计

一、原型法

①将原型衣袖的袖山高增加 2 ～ 3cm 的容量，作出袖子的弯曲造型。

②前袖缝线在袖口、袖肘处分别弯曲 0.5 ～ 1cm。

③量出袖口长度，按照 S、M、L 号加以区分，对应的袖口长度分别为 11cm、12cm、13cm。

④连接后袖缝线，并完成曲线造型。

⑤将前袖缝线大袖大出 3cm，小袖收进 3cm，这种分割方式是常规的两片袖分割方法。

⑥连接曲线，完成两片袖的造型。

两片袖原型法版型设计，如图 6-3-1 所示。

二、比例分配法

①根据计算公式绘制袖肥、袖山高、肘线、袖口线等基础线。

②绘制基本袖型线。

③绘制袖山曲线。

④绘制前后袖缝线，并完成曲线造型。

两片袖比例分配法版型设计，如图 6-3-2 所示。

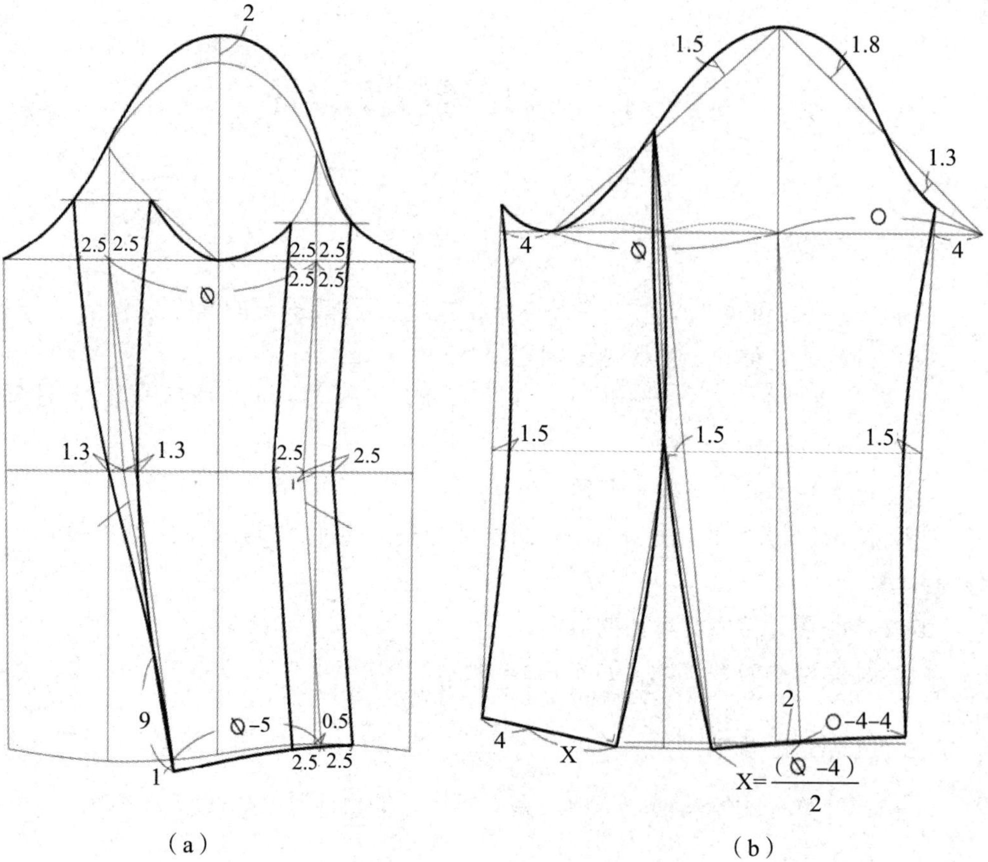

（a）

（b）

图 6-3-1　两片袖原型法版型设计

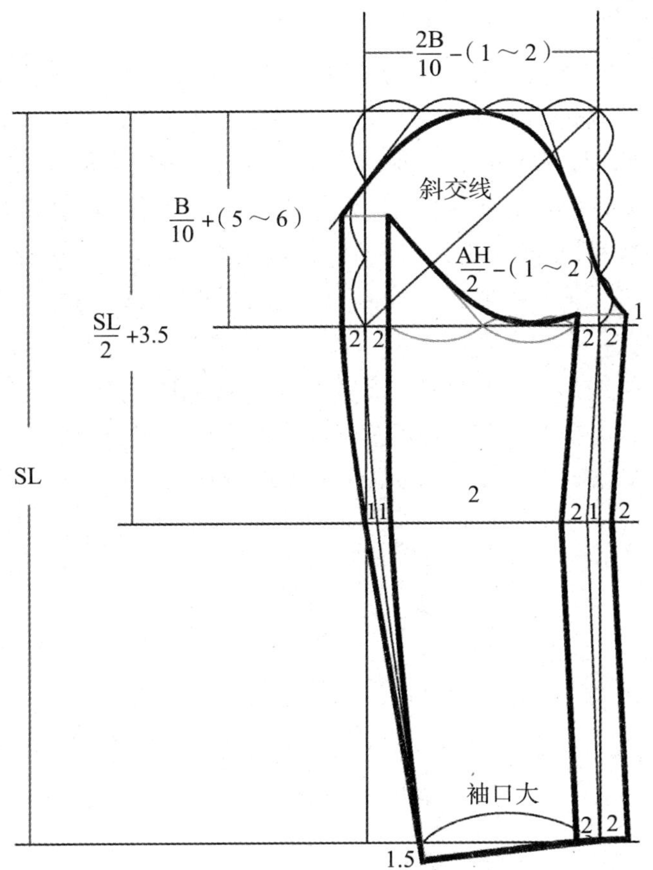

图 6-3-2　两片袖比例分配法版型设计

第四节　插肩袖版型设计

插肩袖是一种独特的袖型结构，其特点在于衣袖与衣身的肩部直接相连。这种袖型在袖山与袖窿的设计上展现出丰富的变化，形成了别具一格的视觉效果。插肩袖的结构形式多样，包括一片式、两片式、三片式等多种类型，每种类型都能形成不同的造型效果。尽管形式多样，但这些不同的插肩袖结构都遵循着共同的版型设计原理。

一、插肩袖的版型设计原理

根据人体工学的研究可知，人体手臂最大的活动范围在 180° 以内。而日常生活中，手臂的活动范围主要在 90° 以内。当人手叉腰时，袖山线大约在 45° 的斜度。根据这个原理，在设计插肩袖时，袖山线与水平线大都以 45° 为依据，如图 6-4-1 所示。这是一种较为折中的设计方法。这样设计的袖子能够较好地兼顾造型、功能。若要设计活动量更大的袖子，则可在 45° 角处往上提高 0.6 ～ 0.8cm；若要制作造型美观、腋下褶皱较少的袖子，也可采用比 45° 角再大一些的角度，但手臂上抬会受到一定的牵制。

当手臂与水平线形成 45° 角时，肩臂部位会呈现出一定的厚度。在进行插肩袖的版型设计时，需要对原型纸样的肩端点位置进行相应的调整。具体来说，就是将原型纸样的肩端点向上移动 1cm，并在此基础上向前延长大约 2cm。

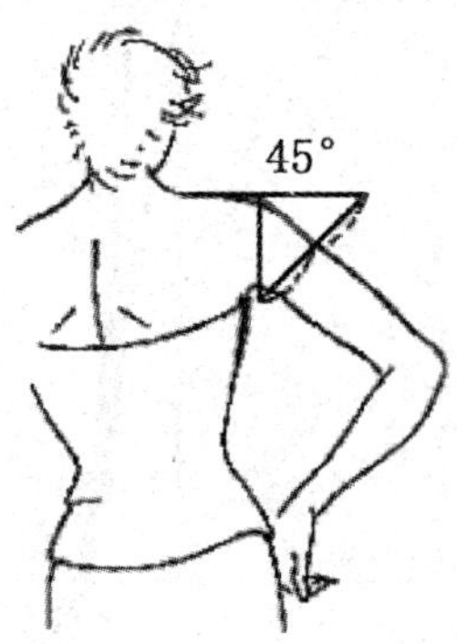

图 6-4-1　插肩袖版型设计原理

插肩袖以其宽松或更为宽松的结构特点，使得其袖窿深具有较大的变化幅度。在进行版型设计时，若以原型为基础，通常需要在原型袖窿的基础上额外挖深 5 ～ 15cm；若采用公式计算，则袖窿深的计算公式为：B/10+（3 ～ 10）。由于插肩袖的袖子部分是依据衣身的袖窿进行设计的，因此袖窿的设计具有很大的灵活性，其深度甚至可以延伸至腰节线的位置。

二、插肩袖比例分配法

①宽松型：前袖中线与水平线交角 α=0° ～ 20°，后袖为 α–2°。

②较宽松型：前袖中线与水平线交角 α=21° ～ 30°，后袖为 α–2°。

③较贴体型：前袖中线与水平线交角 α=31°～45°，后袖为 α−2°。

④贴体型：前袖中线与水平线交角 α=45°～65°，后袖为 α−（1°～2°）。

插肩袖比例分配法版型设计，如图 6-4-2 所示。

①将前后衣片的袖窿加深 5cm，胸围向外加放 2cm，修顺袖窿曲线。

②将原型衣片上的肩端点抬高 1cm，与侧颈点相连，并延长 2cm，以补足肩部容量。

③绘制 45° 夹角，得到袖山线，在袖山线上取袖山高 14cm。袖山高由原型纸样的肩端点开始测量。

④在衣身上设计插肩袖弧线的形状。

⑤设计出插肩袖的袖宽，使两段弧线的长度相等。

⑥由原型纸样的肩端点测量出袖长，并且设计出前袖口大 = 袖口尺寸 −1，后袖口大 = 袖口尺寸 +1。

⑦完成插肩袖版型设计。

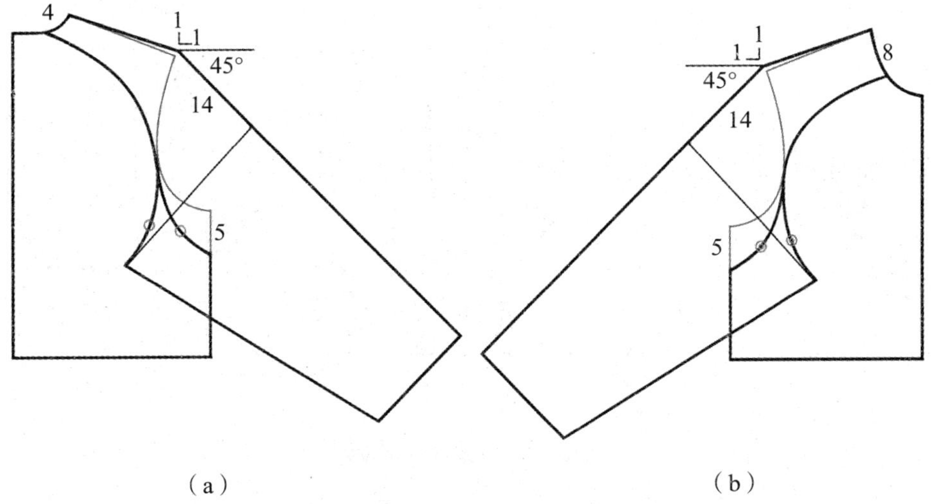

图 6-4-2　插肩袖比例分配法版型设计

第五节　花式袖版型设计

一、灯笼袖

灯笼袖版型设计，如图 6-5-1 所示。

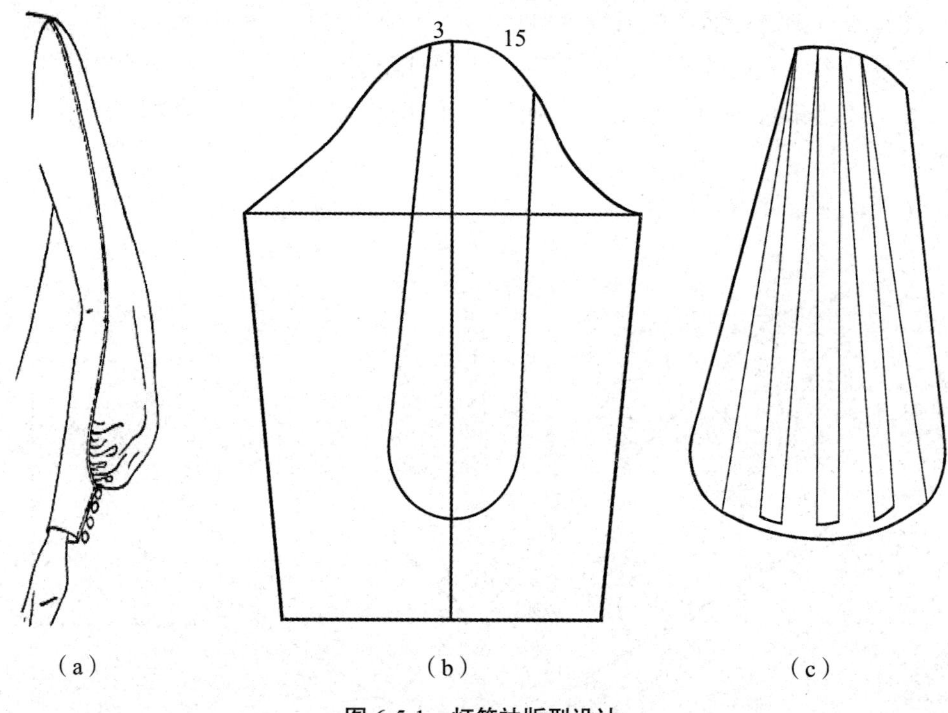

图 6-5-1　灯笼袖版型设计

二、褶袖

褶袖版型设计，如图 6-5-2 所示。

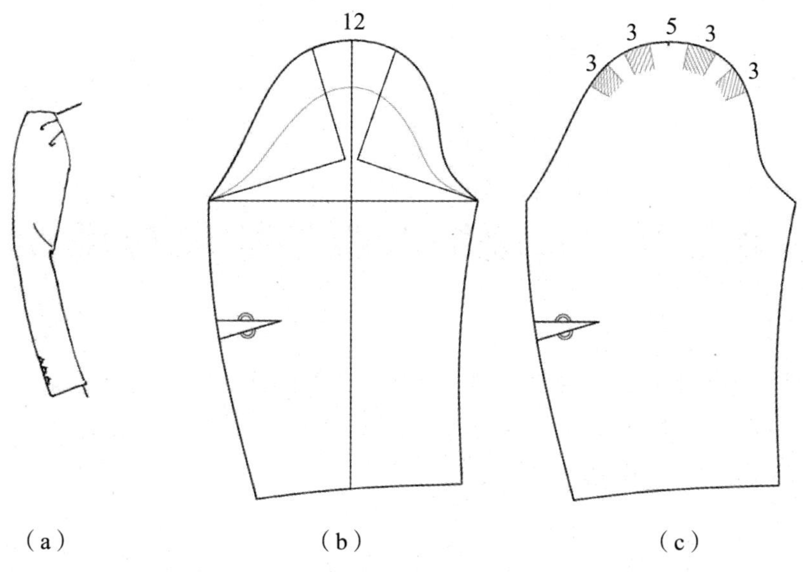

图 6-5-2　褶袖版型设计

三、省道袖

省道袖版型设计，如图 6-5-3 所示。

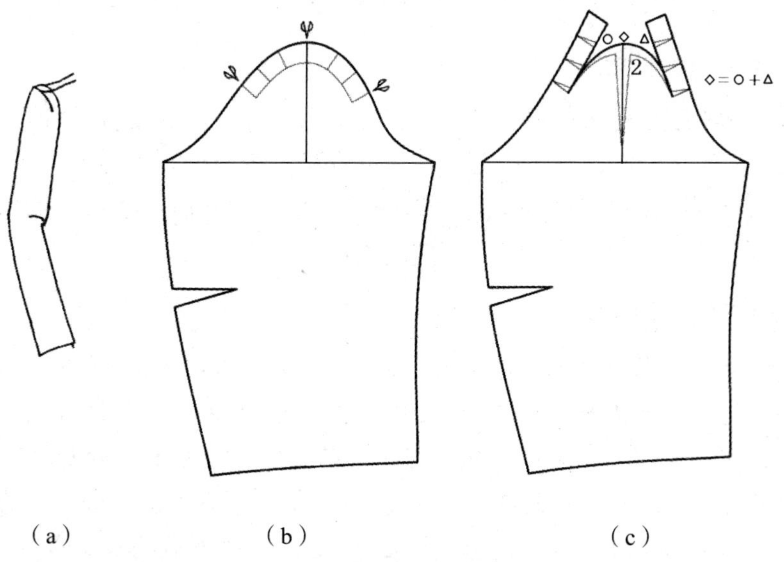

图 6-5-3　省道袖版型设计

第七章　女装综合版型原理与设计

女装综合版型涉及衣身、衣领、衣袖以及整体款式的搭配与协调。设计师应根据服装的风格、穿着场合及穿着者的需求来确定整体的版型设计方案，创造出既美观又实用的女装作品。

第一节　女装综合版型的放松量与结构优化

一、女装综合版型放松量的选择

（一）合体型服装

在对合体型服装进行版型设计时，仅根据内穿衣服的厚度考虑所需放松量即可。例如，设计衬衫时，由于内部不再加穿衣服，故放松量可为零，可直接在原型基础上完成设计，甚至可以缩减 2 ～ 4cm。又如，设计外衣时，内部加穿一件毛衣，则需在原型基础上增加毛衣厚度的放松量，约为 4cm。

（二）宽松型服装

在设计宽松型服装的版型时，除了要考虑为内穿衣服预留的厚度放松量，还需额外考虑为实现所需造型效果而增加的放松量。例如，在进行宽松 H 型风衣的版型设计时，内部加穿一件毛衣，则放松量＝造型放松量 + 内衣厚度放松量。若造型放松量为 12cm，毛衣厚度放松量为 4cm，则放松量为 16cm，加上原型上衣本身包含 10cm 放松量，则总放松量为 26cm。造型放松量可视款式宽松度而定，宽松型服装的放松量一般大于 10cm。

（三）紧身型服装

晚礼服、婚礼服、紧身衣等紧身型服装，一般在原型基础上加以收缩，收缩量小于或等于 4cm。

不同服装造型放松量，如表 7-1-1 所示。

表 7-1-1　不同服装造型放松量（单位：cm）

类型	衬衣	西装	春秋装	大衣
袖窿深	1.5B/10+3	1.5B/10+4	1.5B/10+4	1.5B/10+5
袖山高	B/10+3	B/10+6	B/10+5	B/10+5
袖肥	2B/10+1	2B/10−0.6	2B/10−0.6	2B/10−0.6
前落肩量	B/20			
后落肩量	B/20−0.5			
前胸宽	1.5B/10+2.5	1.5B/10+3	1.5B/10+3	1.5B/10+3
后背宽	1.5B/10+3.5	1.5B/10+4	1.5B/10+4	1.5B/10+4
前领宽	N/5−0.5（关门领）N/5（驳领）			
后领宽	N/5+0.5（关门领）N/5（驳领）			
腰节长	G/4	G/4	G/4	G/4

二、原型上衣放松量的分配原则

从功能性角度出发，人体活动多呈现向前运动的趋势，因此在增加放松量时，后身的幅度设计需大于前身，而在收缩时，后身的收缩幅度则应小于前身。从服装造型的角度来看，为了保持前后身的平整，放松量主要应分配在侧缝处，这样既能满足人体活动的需求，又能确保服装的美观，且这部分放松量可以巧妙地隐藏在两臂之间。

（一）放松量分配比例

具体分配如下：后侧缝与前侧缝的放松量比例为 1 ：0.5，后侧缝与后中心、前中心的放松量比例为 1 ：0.25。例如，若服装胸围在原型基础上加放 20cm，即半胸围加放 10cm，那么放松量的分配应为后侧缝 5cm、前侧缝 2.5cm、后中心与前中心各 1.25cm。

（二）收缩量分配比例

在收缩量的设计上，后侧缝与前侧缝的比例为 0.5 ∶ 1。若半胸围的收缩量为 2cm，则后侧缝应收缩 0.5cm，前侧缝应收缩 1cm。

三、原型上衣袖窿深的加深原则

袖窿深与胸围放松量的关系密切，胸围加放了，袖窿深也应相应加深，但两者的关系不是线性的关系，而是取决于袖型是合体袖还是宽松袖。合体袖的袖窿深与胸围之间的关系比较紧密，调整值小，而宽松袖的袖窿深与胸围之间的关系相对没那么紧密，调整值较大。

（一）合体袖的袖窿深加深原则

胸围加放量与袖窿深加深量比例为 4 ∶ 1，即在原型袖窿深的基础之上，胸围加放量每增加 4cm，袖窿深则加深 1cm。例如，合体型上衣，内穿一件毛衣，胸围加放量为 4cm，袖窿深需加深 1cm。

（二）宽松袖的袖窿深加深原则

胸围加放量与袖窿深加深量比例为 3 ∶ 1，即在原型袖窿深的基础上，胸围加放量每增加 3cm，袖窿深则加深 1cm。

宽松袖比较容易满足实用功能，袖窿的设计主要追求轻松、飘逸的造型效果。因此，袖窿深加深量可在上述原则上进行调整，一般大于上述计算值，甚至可达腰线部位。此外，宽松袖的袖窿造型比较随意，多采用尖袖窿。

四、撇胸的作用及其设计方法

由于人体胸部倾斜角度（即胸坡角）的存在，前颈点位置会形成类似省道的撇胸结构，这一设计旨在贴合人体曲线，使服装在前胸区域更加贴合身形。当面料贴合人体胸部时，领口前中心线部位往往会出现面料冗余。为了确保前胸部位的平整与合体，这些多余的面料需要通过缝合或裁剪的方式进行处理，而这部分需要调整或去除的面料量即撇胸量。值得注意的是，女性的胸坡角大小是判断其体型特征的重要依据：当胸坡角大于 24° 时，通常被认为是挺胸体型；而当胸坡角小于 24° 时，则被视为屈身体型。

使用原型上衣纸样设计服装时，撇胸的版型设计：固定 BP 点，将上衣纸样向后转动，使前颈点移开 0.5 ～ 1.5cm，如图 7-1-1 所示。

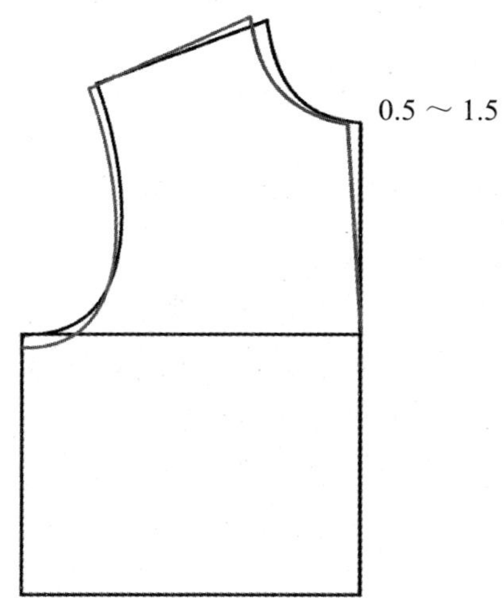

图 7-1-1　撇胸的版型设计

如采取直接制图的比例分配法设计，制图时首先将撇胸量在前颈点设计出 0.5 ～ 1.5cm，再设计前领宽、前肩宽和前胸宽。

在女装版型设计中，由于女性的胸凸的存在，形成胸省，所以女装撇胸的设计往往又与胸省的设计相结合。有时胸部全省的设计包含撇胸量，有时撇胸量的设计又是胸省设计的分解，可弱化处理。无论撇胸以怎样的形式存在，其作用均是使服装胸部造型合体、平整。因此，撇胸设计往往应用于合体型或较合体型服装。

对于前衣身存在较大领口省或肩胸省的合体型服装，由于领口省或肩胸省靠近前中心线，并且所设计的省量较大，此时，可以不必再设计撇胸量。

针对那些前衣身设计有较小领口省或肩胸省的合体或较为合体的服装，由于这些设计特点，前中心线区域往往容易出现多余的褶皱，导致服装不平整。为了解决这个问题，应在领口处合理设计撇胸量，其大小通常控制在大约 1cm，以确保服装的平整与合体性。

对于前衣身无省的较宽松型上衣，为使胸部造型与身体协调，也应设计 1 ～ 1.5cm 的撇胸量。

撇胸设计更适合合体型驳领版型服装。由于驳领版型一般翻驳止点开深至胸围线以下，使胸凸以上止口不顺直的部分得以缓解。为使驳领造型更加服帖，撇胸设计更具有其重要性。

五、胸围线以上衣身的结构平衡与调整

女装胸围线以上衣身的结构与造型的稳定性，是实现女装上衣结构平衡的重要因素。女装上衣外观出现的许多弊病，大都是由胸围线以上衣身结构不稳定造成的。尤其是挺胸体型或屈身体型，实现造型平衡往往需要调整胸围以上的结构。调整的方法是核对纸样前后腰节的长度是否与人体尺寸相一致。

对于女性标准体型而言，后衣身在胸围线以上的长度（即从后颈点到胸围线的距离）通常会比前衣身相应长度（即从前颈点到胸围线的距离）长出约 0.7cm。服装的层次结构对这一长度差有所影响：层次越多，长度差也会相应增加。具体而言，在一般情况下，衬衫的这一长度差为 0 ～ 0.7cm，春秋装的长度差则通常设定为约 0.7cm，而大衣的长度差则一般设定为约 1cm。前后腰节差，如图 7-1-2 所示。

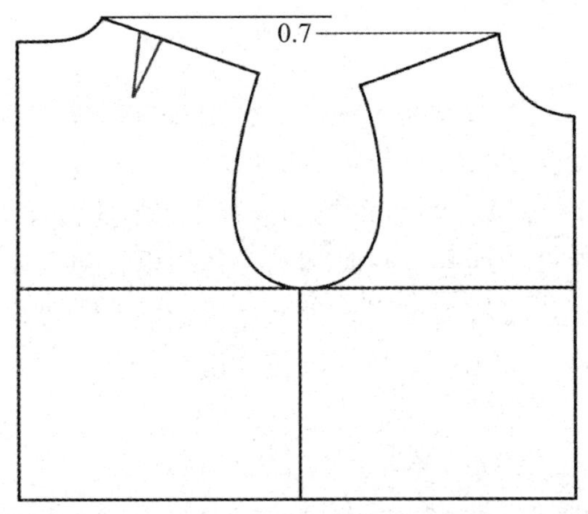

图 7-1-2　前后腰节差

女装挺胸体型，胸围线以上的后衣身长度与前衣身长度的差值应减少。减少的量应根据挺胸的程度而确定。挺胸程度越大，则后衣身与前衣身长度的差值就越小，甚至可能出现负值。有些女性的胸部丰满且为挺胸型，有可能出现胸围线以上部分前长后短的现象。

女装屈身体型，胸围线以上的后衣身长度与前衣身长度之差应相应增大。增大的量要根据体型而定。屈身程度越大，则后衣身长度与前衣身之差就应越大。为了实际操作方便，测量数据中均以前后腰节长来进行设计。

第二节　连衣裙版型设计

如图 7-2-1 至图 7-2-5 所示，分别为连衣裙比例分配法基础线示意、分割线连衣裙比例分配法版型设计、省道连衣裙比例分配法版型设计、连衣裙原型法基础线示意、连衣裙原型法版型设计。

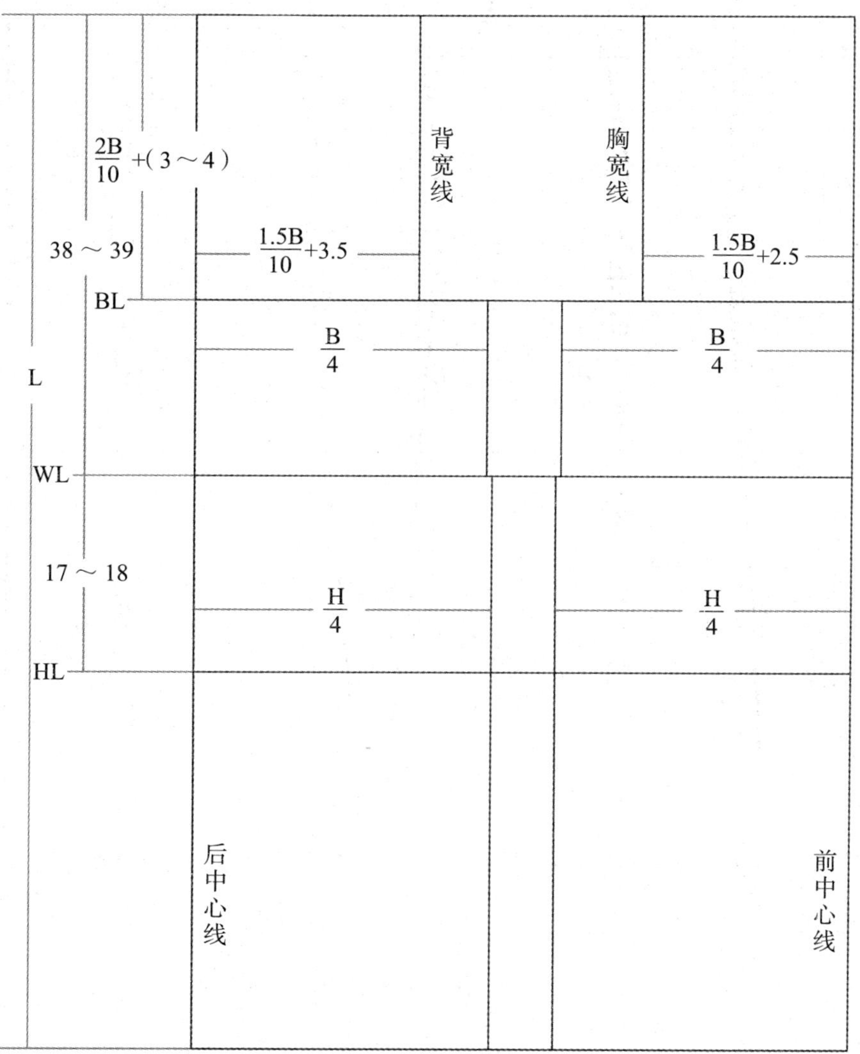

图 7-2-1　连衣裙比例分配法基础线示意

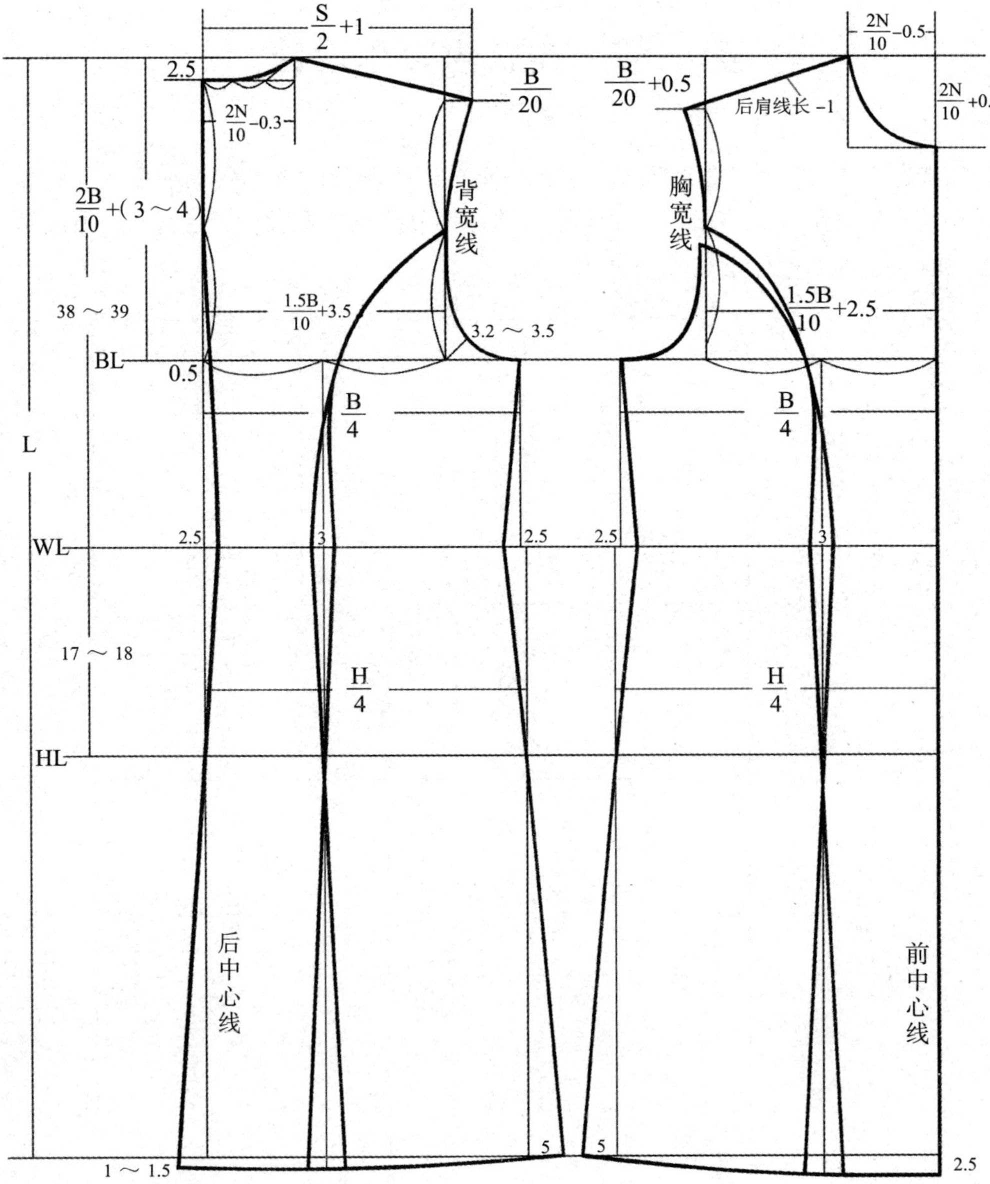

$\frac{S}{2}+1$

2.5

$\frac{2N}{10}-0.3$

$\frac{B}{20}$

$\frac{B}{20}+0.5$

后肩线长 -1

$\frac{2N}{10}-0.5$

$\frac{2N}{10}+0.5$

$\frac{2B}{10}+(3\sim4)$

背宽线

胸宽线

38 ～ 39

$\frac{1.5B}{10}+3.5$

3.2 ～ 3.5

$\frac{1.5B}{10}+2.5$

BL

0.5

$\frac{B}{4}$

$\frac{B}{4}$

L

WL

2.5

3

2.5

2.5

3

17 ～ 18

$\frac{H}{4}$

$\frac{H}{4}$

HL

后中心线

前中心线

5

5

1 ～ 1.5

2.5

图 7-2-2　分割线连衣裙比例分配法版型设计

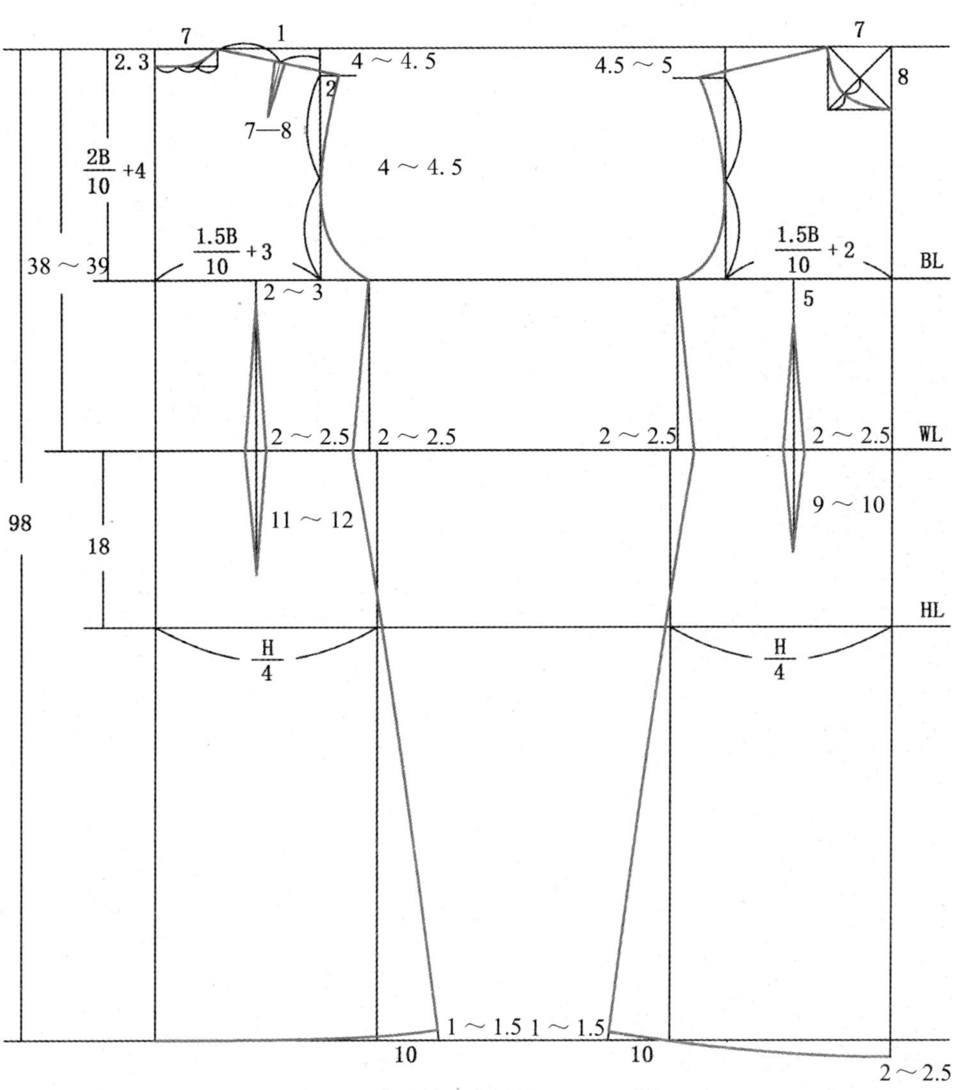

图 7-2-3　省道连衣裙比例分配法版型设计

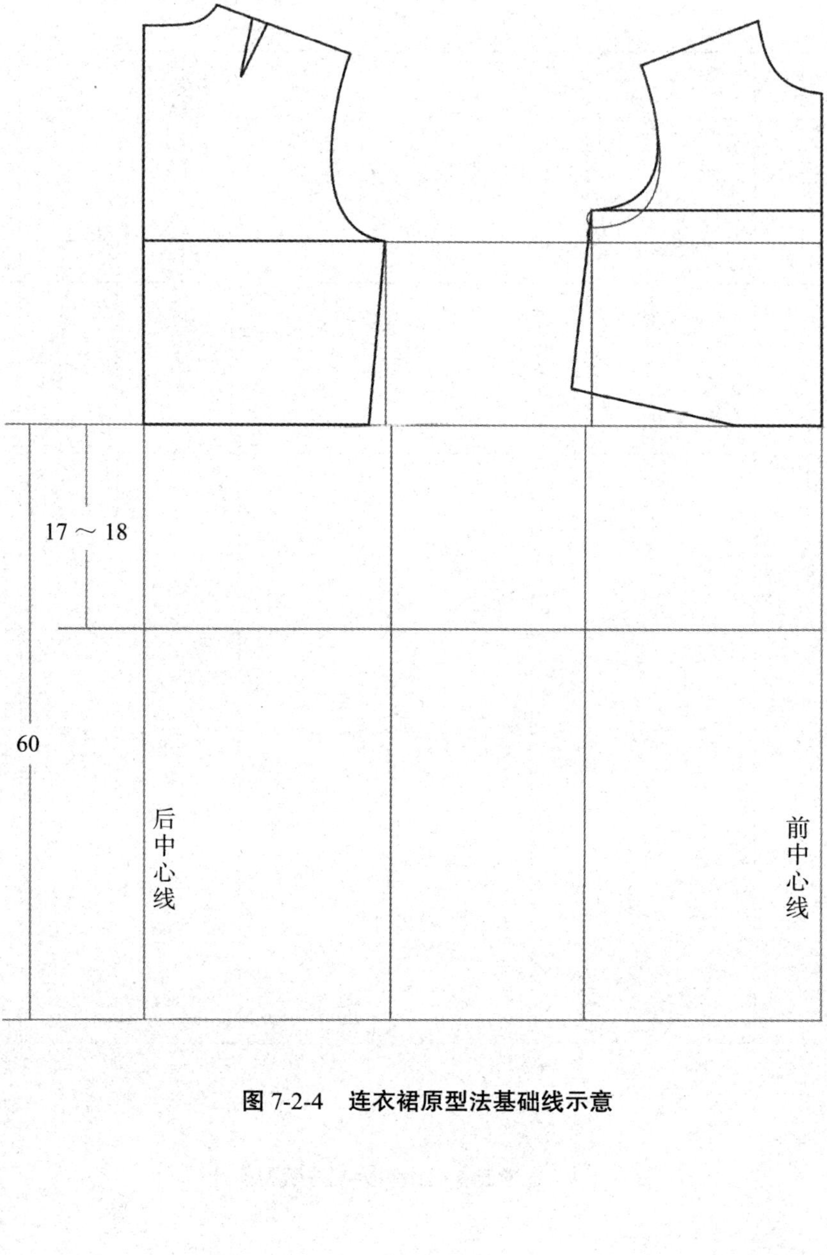

17 ～ 18

60

后中心线

前中心线

图 7-2-4 连衣裙原型法基础线示意

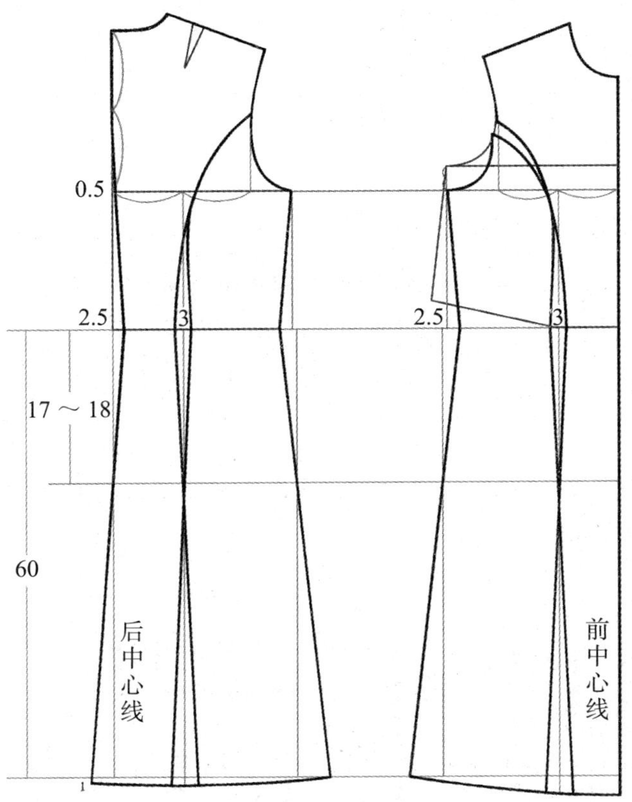

图 7-2-5　连衣裙原型法版型设计

在设计连衣裙时，需重点关注胸围、腰围、臀围三个关键部位的放松量，并根据所选面料的特性进行相应的调整。表 7-2-1 为连衣裙各部位放松量。

表 7-2-1　连衣裙各部位放松量（单位：cm）

类型	胸围	腰围	臀围
合体型	6 ～ 8	6 ～ 8	4 左右
较合体型	8 ～ 12	8 ～ 10	6 ～ 8

第三节　衬衣版型设计

女士衬衣成品规格，如表 7-3-1 所示。

表 7-3-1　女衬衣成品规格（单位：cm）

部位	衣长	胸围	腰节	肩宽	领围	袖长	袖口
尺寸	61	96	40	41	38	54	14

如图 7-3-1 与图 7-3-2 所示，分别为衬衣衣身比例分配法版型设计与衬衣衣袖、领子比例分配法版型设计。

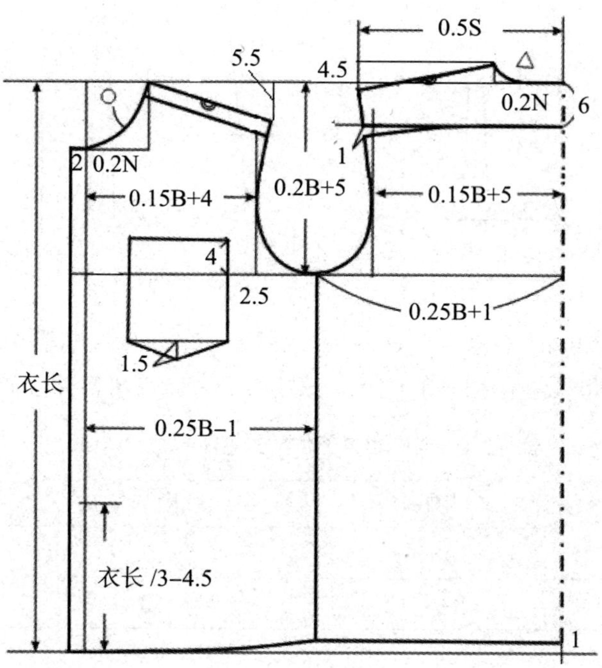

图 7-3-1　衬衣衣身比例分配法版型设计

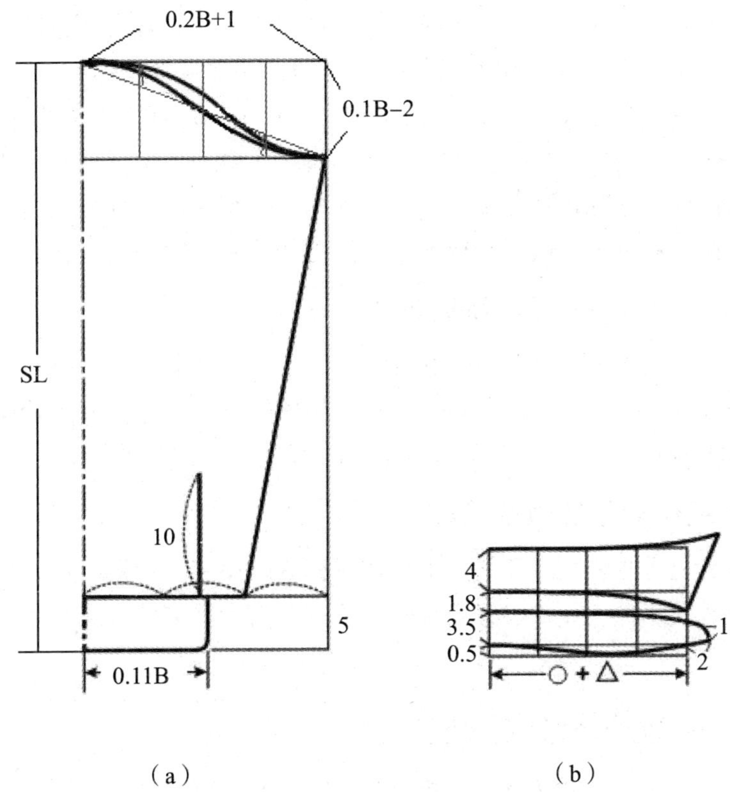

（a） （b）

图 7-3-2 衬衣衣袖、领子比例分配法版型设计

第四节 西装版型设计

一、原型法西装版型设计

运用原型法设计女士西装，具有设计方法简便、直观，款式变化容易等优点。我们可以将女士西装分为合体型西装、较合体型西装和变化式西装等类型。

（一）合体型西装版型设计

在设计合体型西装时，要精确控制胸围、腰围、臀围这三个关键部位的尺寸。

除了要确保服装与人体在尺寸上的匹配，服装与所需造型之间的吻合度也是至关重要的设计要素。服装纸样上每一条结构线的形态，都扮演着塑造服装整体造型的重要角色。具体而言，合体型西装的胸围的放松量通常控制在 8 ～ 12cm，腰围的放松量则为 6 ～ 8cm，臀围的放松量则为 8 ～ 10cm。在确定具体的放松量时，还需要根据服装的造型需求、穿着者的体型特征及穿着习惯进行进一步的精细调整。由于原型上衣的胸围加放量已设定为 10cm，因此在进行此类服装的设计时，对原型的改动相对较小，从而使得服装设计更加高效便捷。

（二）较合体型西装版型设计

较合体型西装的胸围放松量一般为 12 ～ 16cm，臀围放松量为 10cm 左右。由于秋冬季服装面料较厚重，且内加里衬等原因，并且内穿衣服也较厚，胸围的放松量在净胸围的基础上加放 20cm 左右。

（三）变化式西装版型设计

变化式西装指西装版型变化较复杂或较夸张的服装。其设计特点是应用原型纸样进行版型设计时，并运用省道转移、分割、切展等多种方式对原型纸样进行处理。

二、比例分配法西装版型设计

女士西装成品规格设计的相关数据，如表 7-4-1 所示。

表 7-4-1　女士西装成品规格设计的相关数据（单位：cm）

部位	衣长	胸围	腰节	肩宽	领围	袖长	袖口
尺寸	61	96	40	41	38	54	14

如图 7-4-1 至图 7-4-9 所示，分别为西装比例分配法基础线示意、八开身西装比例分配法版型设计、六开身西装比例分配法版型设计、八开身较宽松西装原型法基础线示意、八开身较合体省道合并西装原型法版型设计、八开身较合体西装原型法基础线示意、八开身较合体西装原型法版型设计、六开身较宽松西装原型法基础线示意、六开身较宽松西装原型法版型设计。

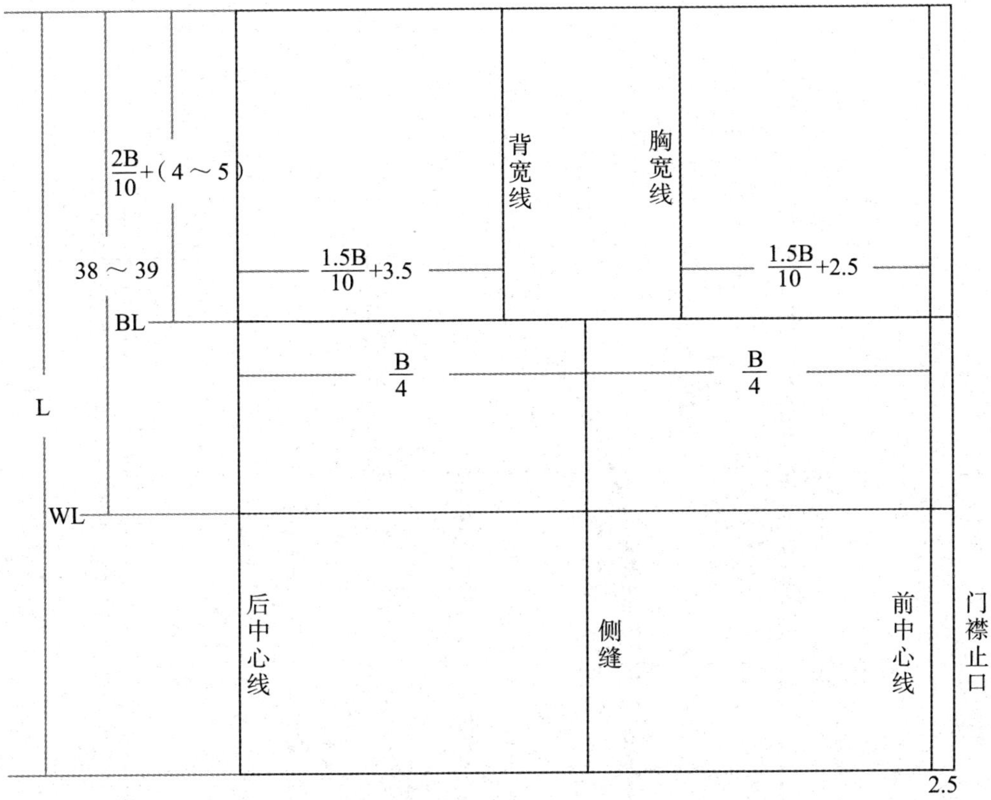

图 7-4-1　西装比例分配法基础线示意

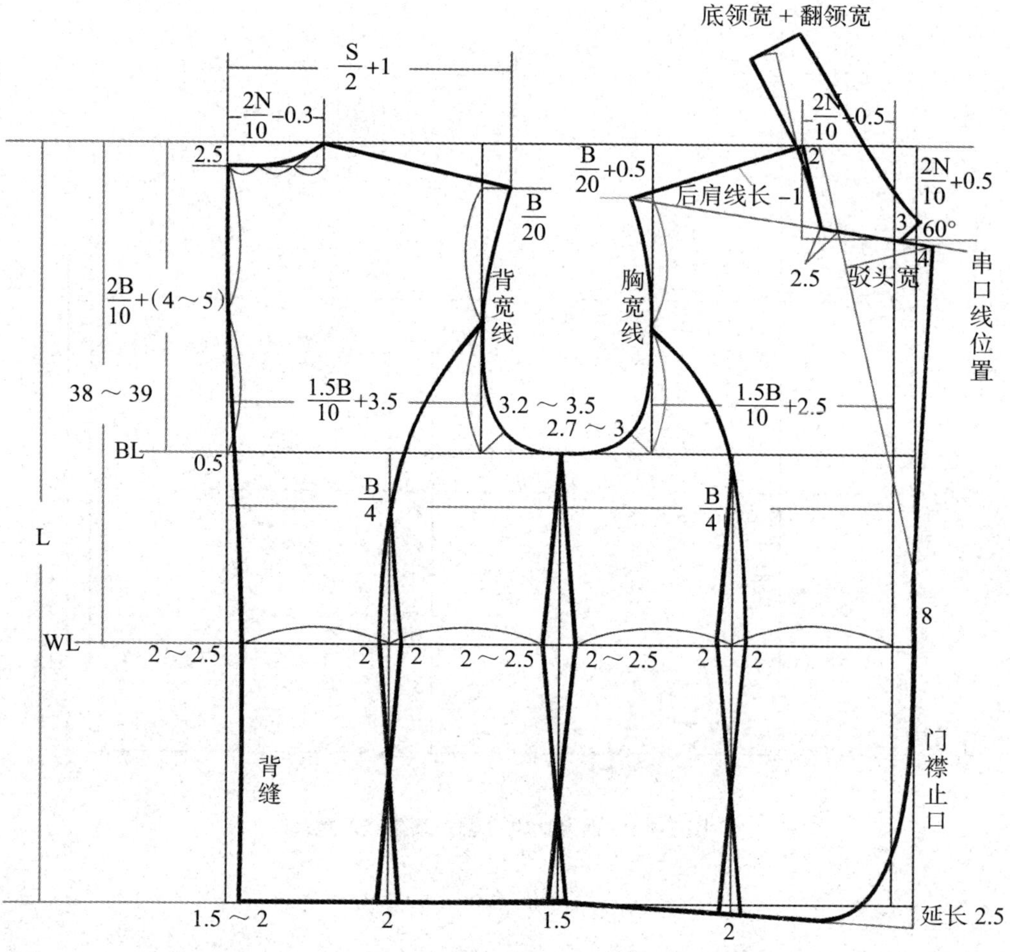

图 7-4-2　八开身西装比例分配法版型设计

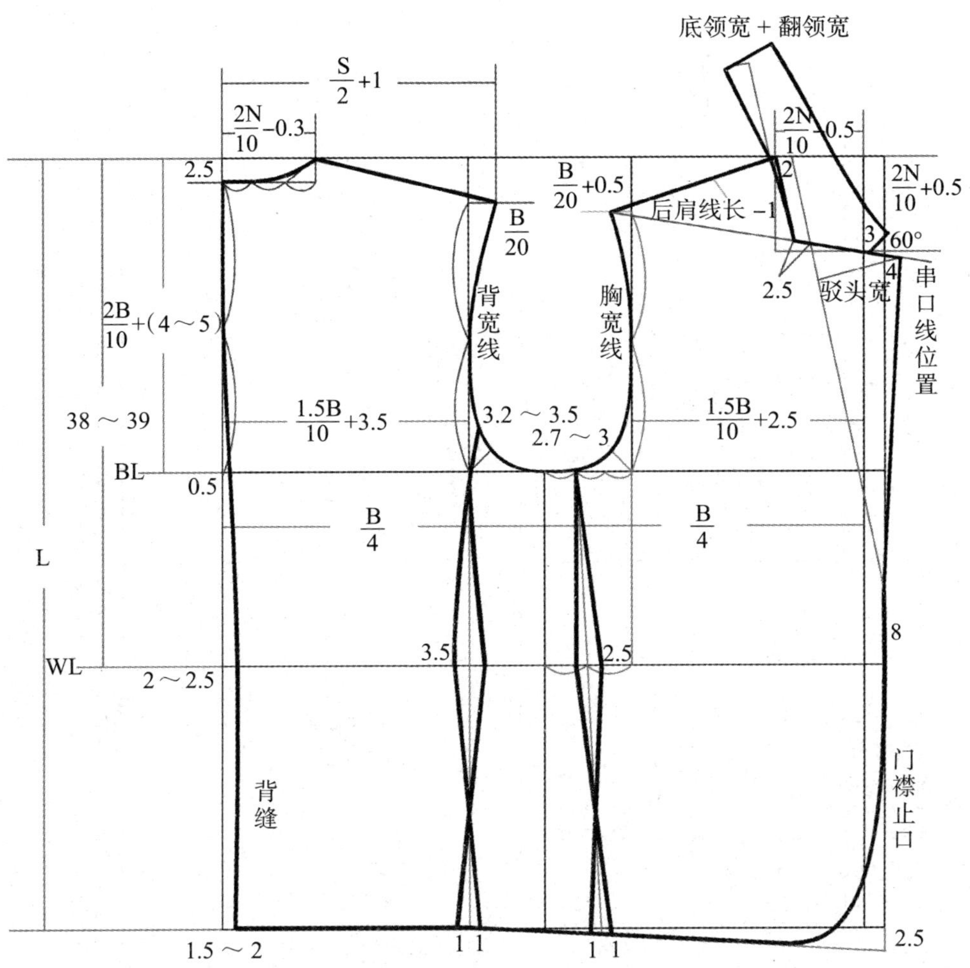

图 7-4-3　六开身西装比例分配法版型设计

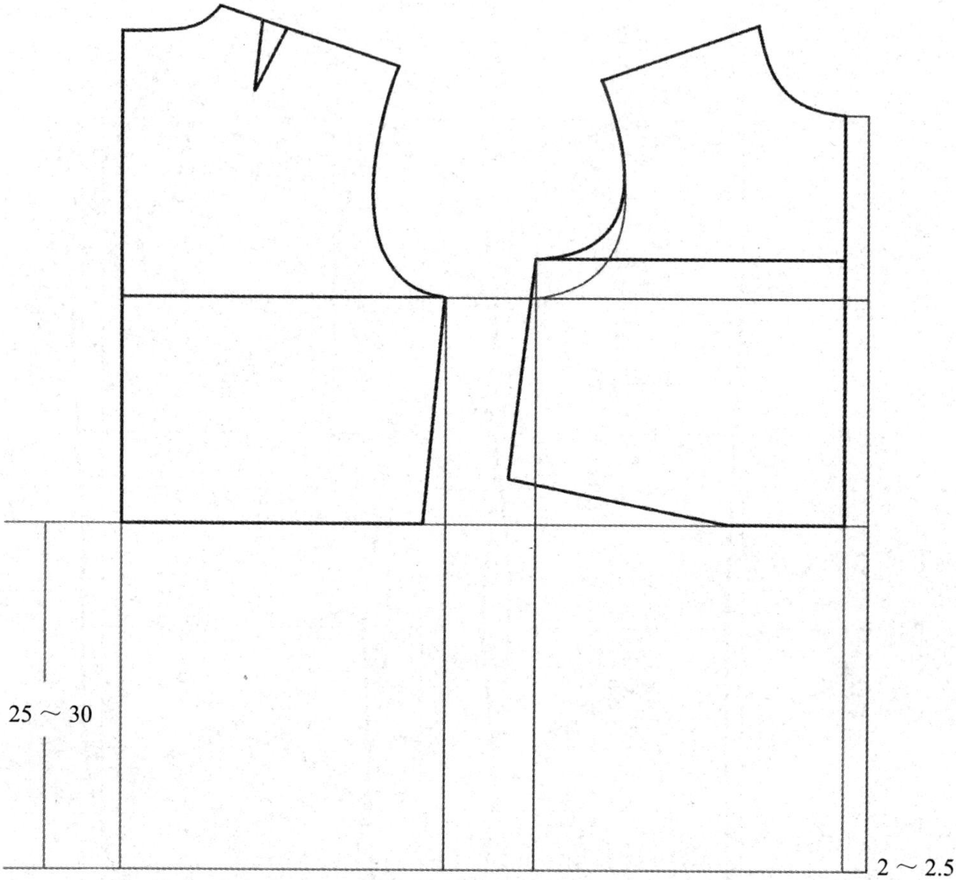

图 7-4-4　八开身较宽松西装原型法基础线示意

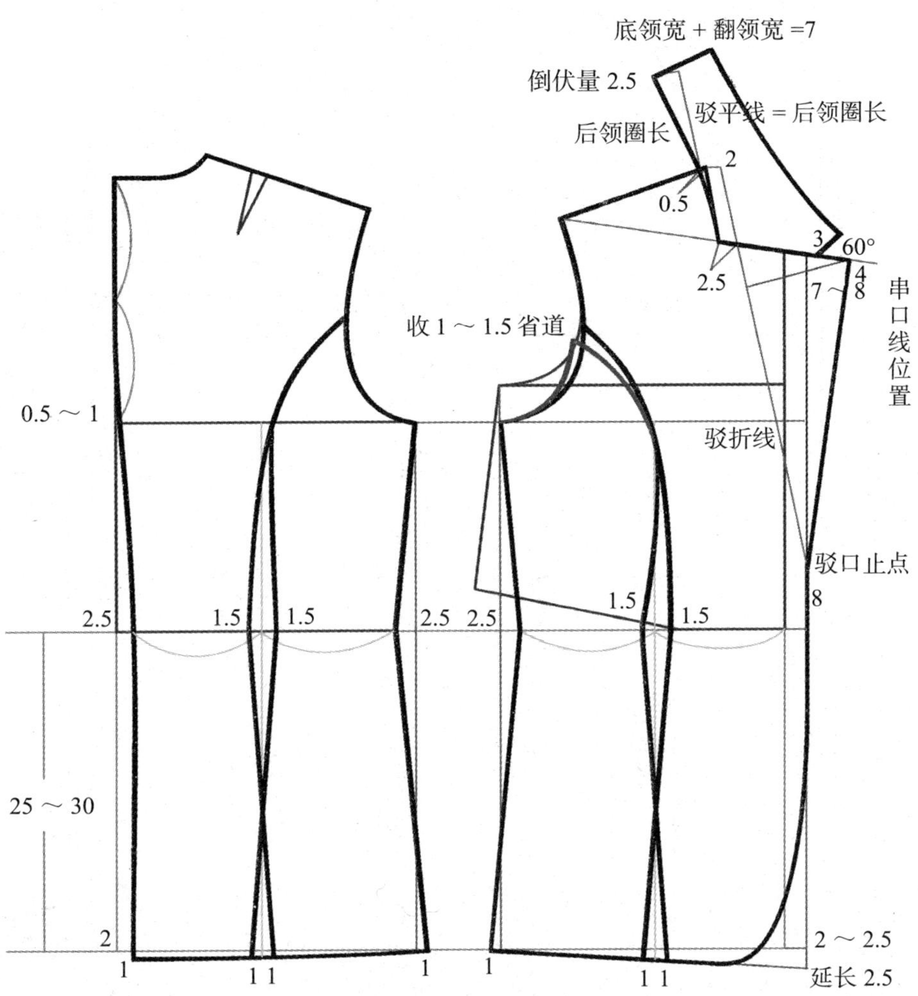

图 7-4-5　八开身较合体省道合并西装原型法版型设计

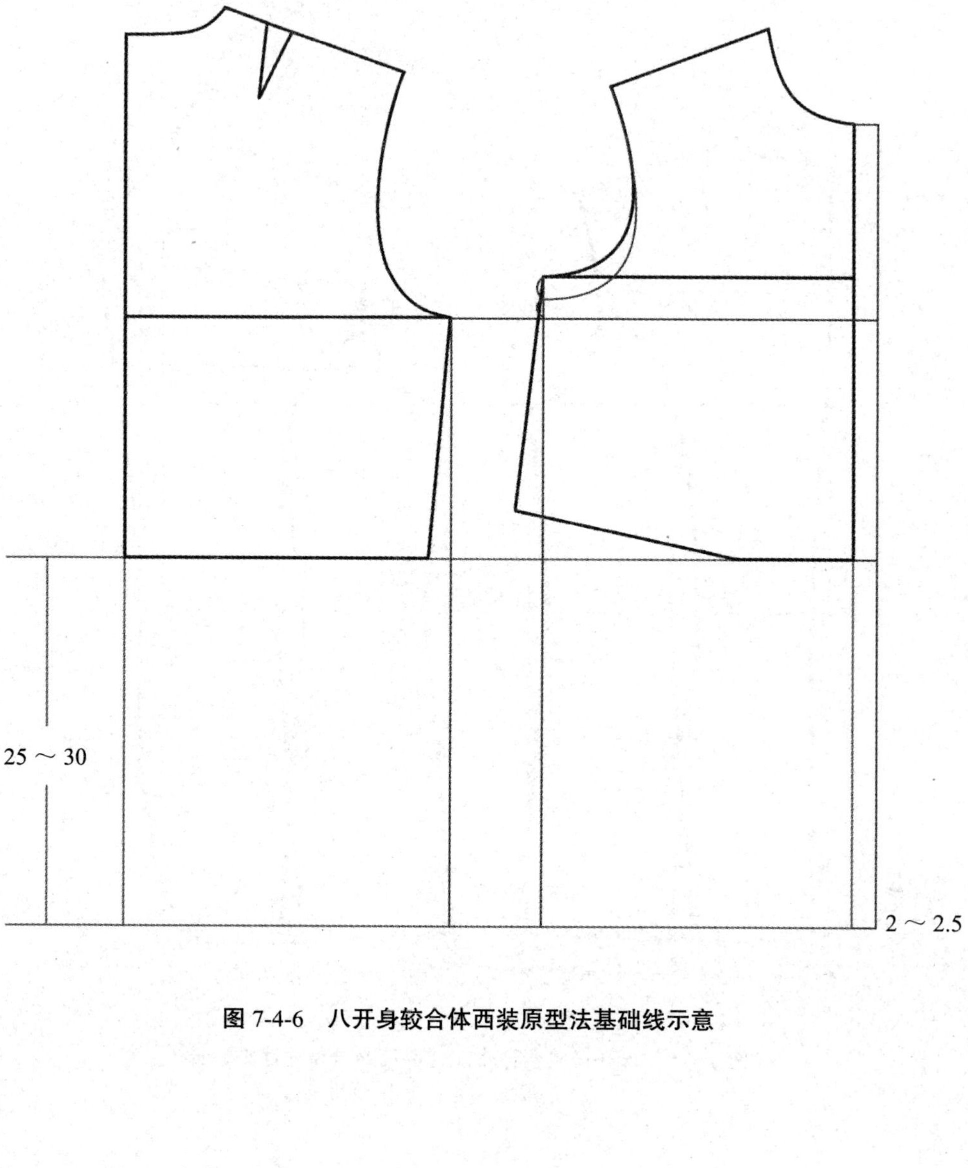

图 7-4-6　八开身较合体西装原型法基础线示意

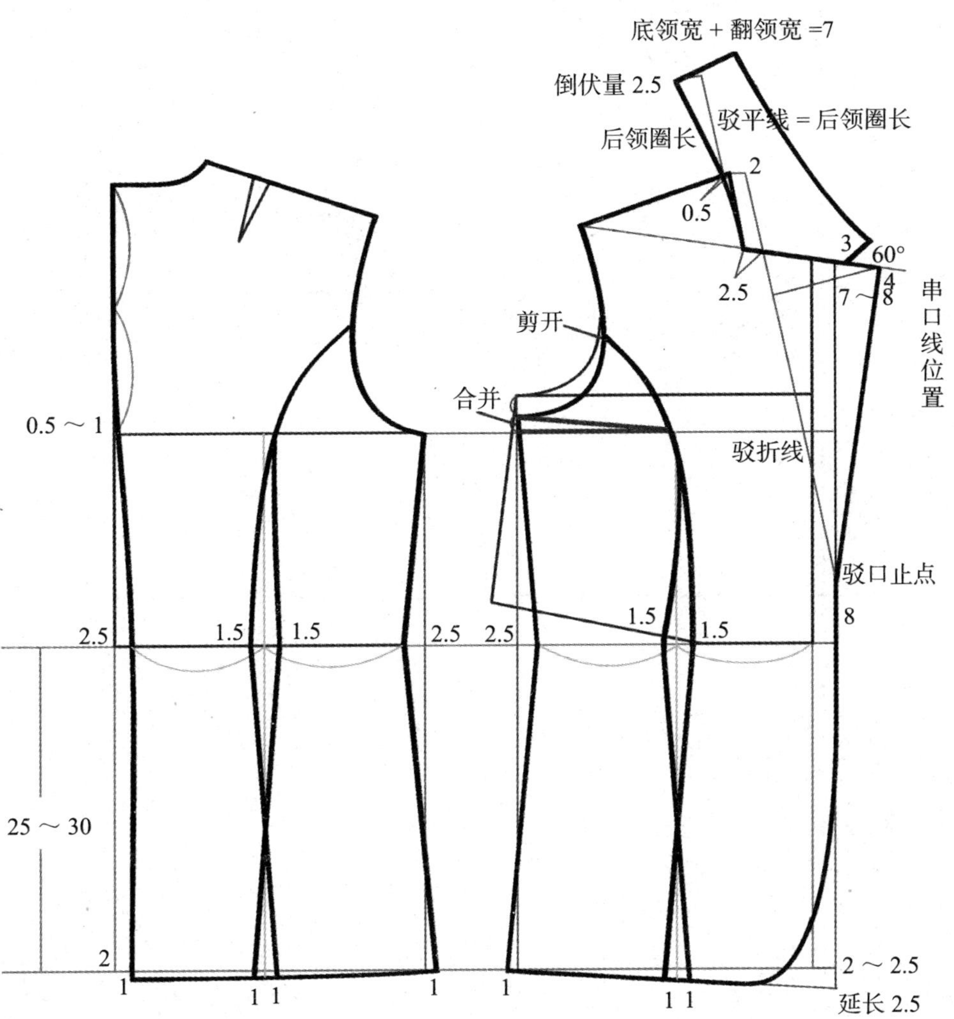

图 7-4-7　八开身较合体西装原型法版型设计

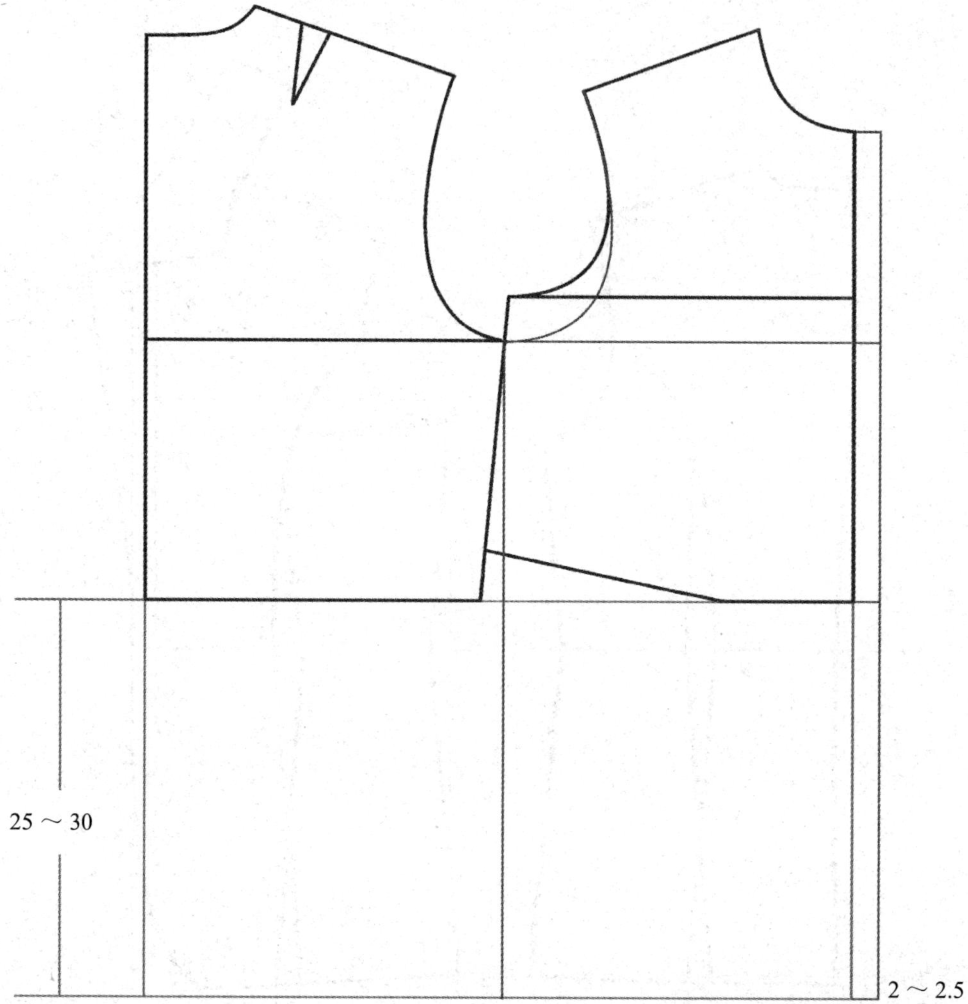

图 7-4-8　六开身较宽松西装原型法基础线示意

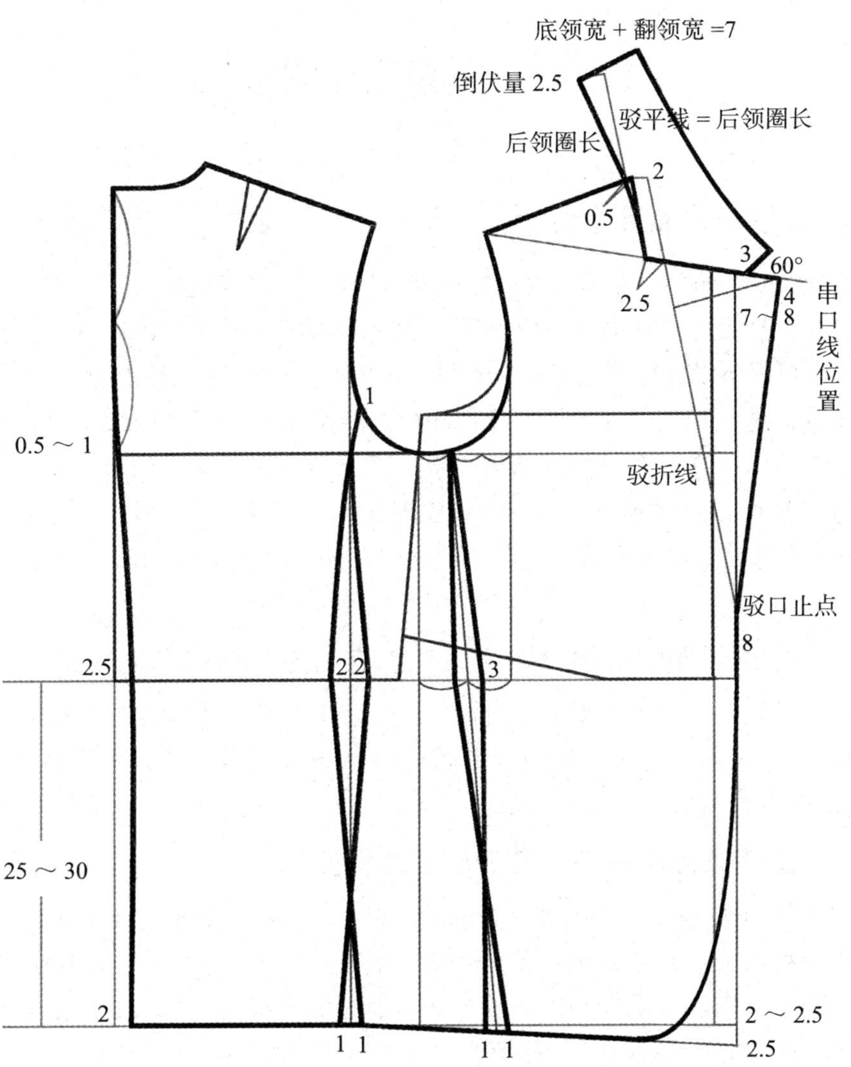

图 7-4-9　六开身较宽松西装原型法版型设计

第五节 大衣版型设计

一、原型法大衣版型设计

在设计大衣的时候，必须考虑内层服装的厚度（如内穿毛衣），再对原型纸样进行追加放松量。原型上衣的放松量在净胸围的基础上加放了10cm。在设计大衣时，应根据所设计服装胸部的合体情况和廓形、材料的厚薄或弹性等情况，斟酌加减放松量。在设计大衣时，除在侧缝处追加放松量，还应根据服装的廓形和面料的厚度，在原型纸样的前中心线、后中心线、肩部等均追加相应的放松量。由于大衣的前胸部存在衬料、贴边等设计，所以前中心线追加的放松量要大于后中心线追加的放松量。在设计紧身式大衣时，有时可不必在侧缝处追加放松量。

（一）适用于薄型及中等厚度材料大衣的原型纸样变化

将后肩线提高，前后领宽追加相同的量。相应提高前后颈点。前中心线至少追加0.7cm放松量，后中心线至少追加0.3～0.5cm放松量。袖窿深至少加深1cm，前后侧缝处至少追加1cm放松量。

（二）适用于厚型材料大衣的原型纸样变化

由于材料厚度增加，所以厚型纸样追加的放松量要比薄型及中等厚度材料追加的放松量大。特别是前衣片的处理，首先要按住原型纸样的BP点倾倒0.5～0.7cm，以增加领宽和胸部的放松量。因为厚型材料的大衣的内搭服装往往有领子，而且还要考虑戴围巾的因素，所以应增加领肩部的放松量。

（三）适用于宽摆型大衣的原型纸样变化

宽摆型大衣版型设计追加的放松量由前后侧缝处放出，并且后衣身侧缝处追加的放松量是衣身的两倍。袖窿深也要相应地适当挖深，以免此处面料下垂。后侧缝在袖窿深处放出0.5cm的放松量，以使前后侧缝曲线更好地吻合。

二、比例分配法大衣版型设计

如表 7-5-1 至表 7-5-3 所示，分别为大衣胸围规格、大衣衣长规格、大衣成品规格。

表 7-5-1　大衣胸围规格（单位：cm）

类型	合体型	较合体型	较宽松型	宽松型
胸围	B*（净）+（16 ～ 26）	B*（净）+（22 ～ 26）	B*（净）+（26 ～ 30）	B*（净）+ ≥ 30

表 7-5-2　大衣衣长规格（单位：cm）

类型	短外套	中长外套	长外套	超长外套
衣长	0.5G	0.6G	0.7G	0.8G
长度位置	在大腿中段	及膝	在小腿中段	至脚踝骨

表 7-5-3　大衣成品规格（单位：cm）

部位	衣长	胸围	肩宽	腰节	袖长	袖口
尺寸	102	112	46	41	56	16

如图 7-5-1 至图 7-5-3 所示，分别为大衣比例分配法基础线示意设计、八开身大衣比例分配法版型设计、六开身大衣比例分配法版型设计。

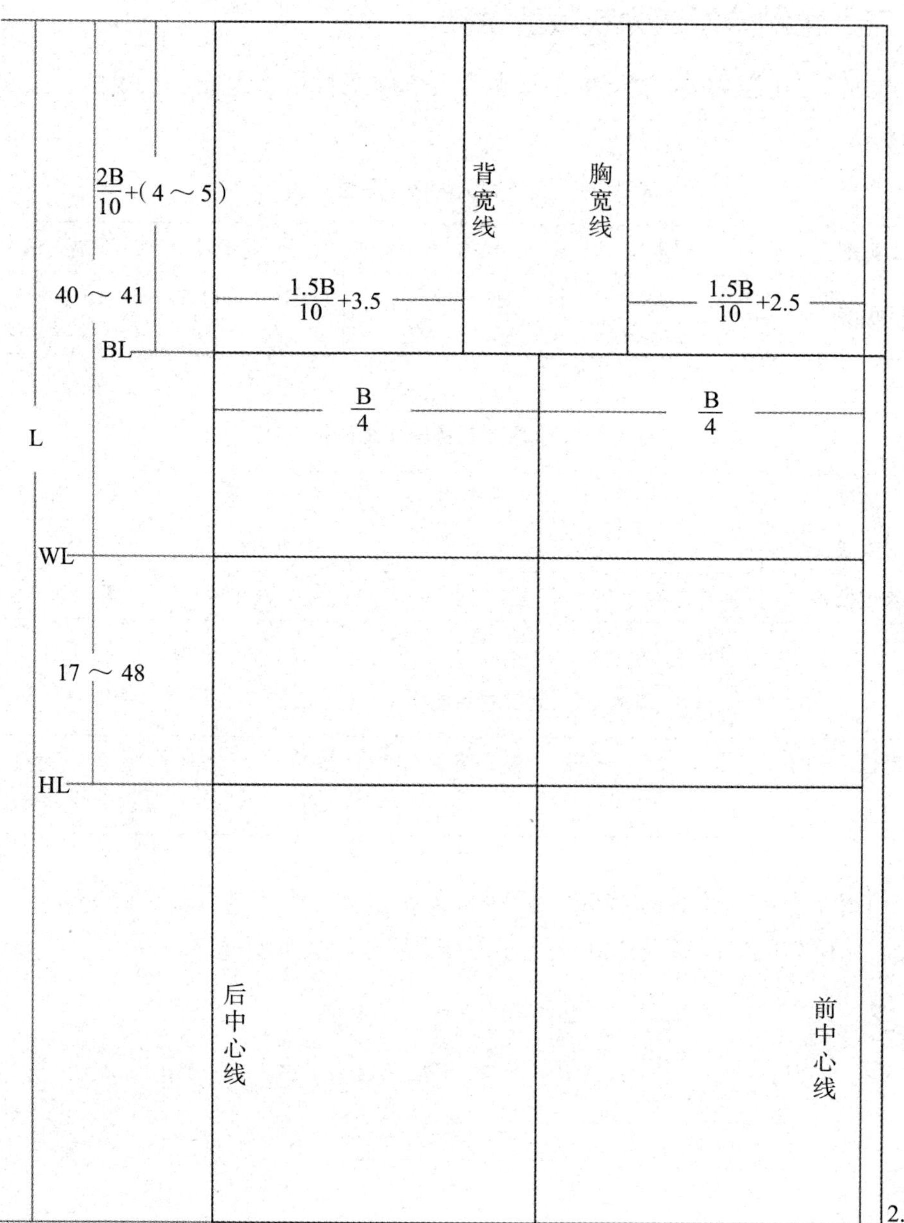

图 7-5-1　大衣比例分配法基础线示意

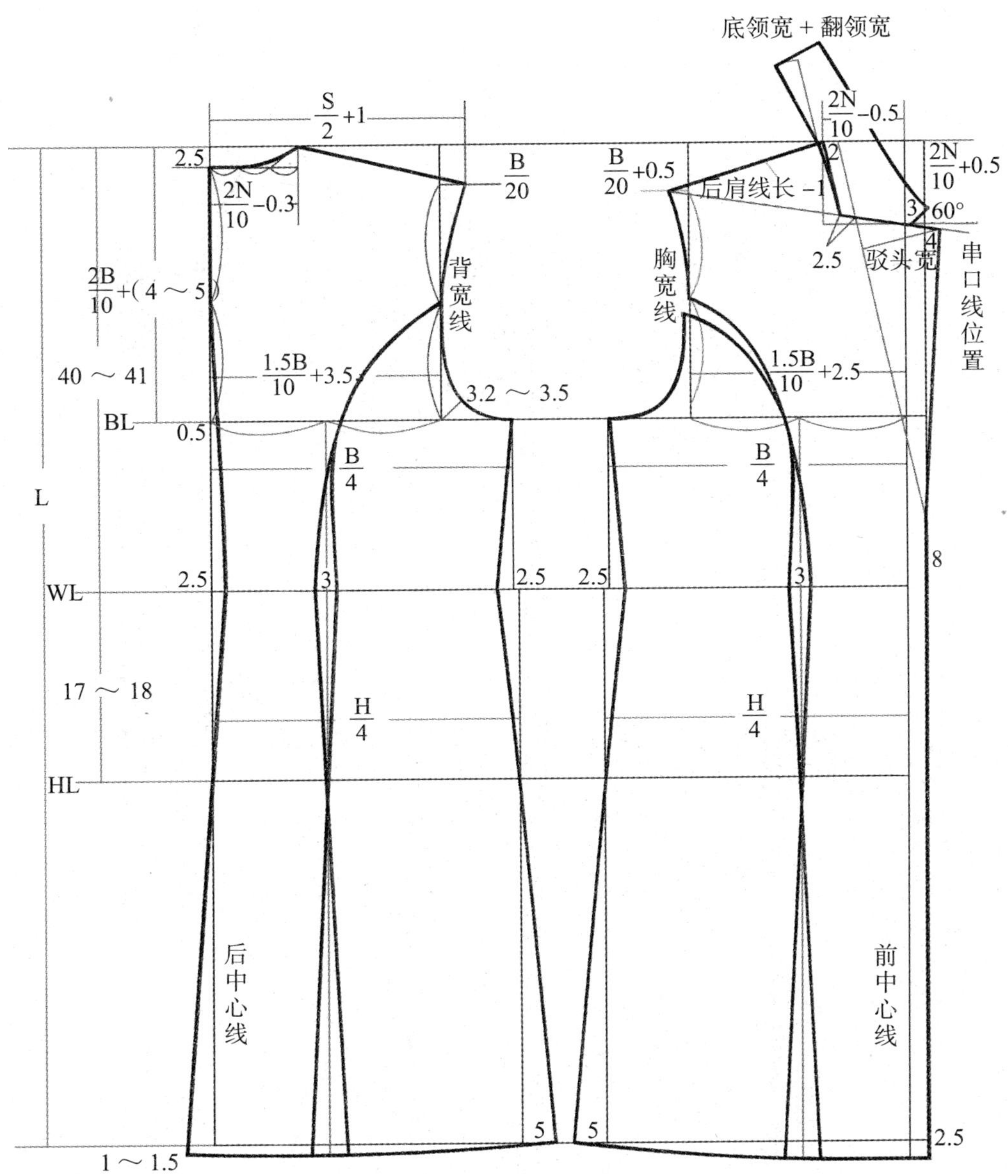

图 7-5-2　八开身大衣比例分配法版型设计

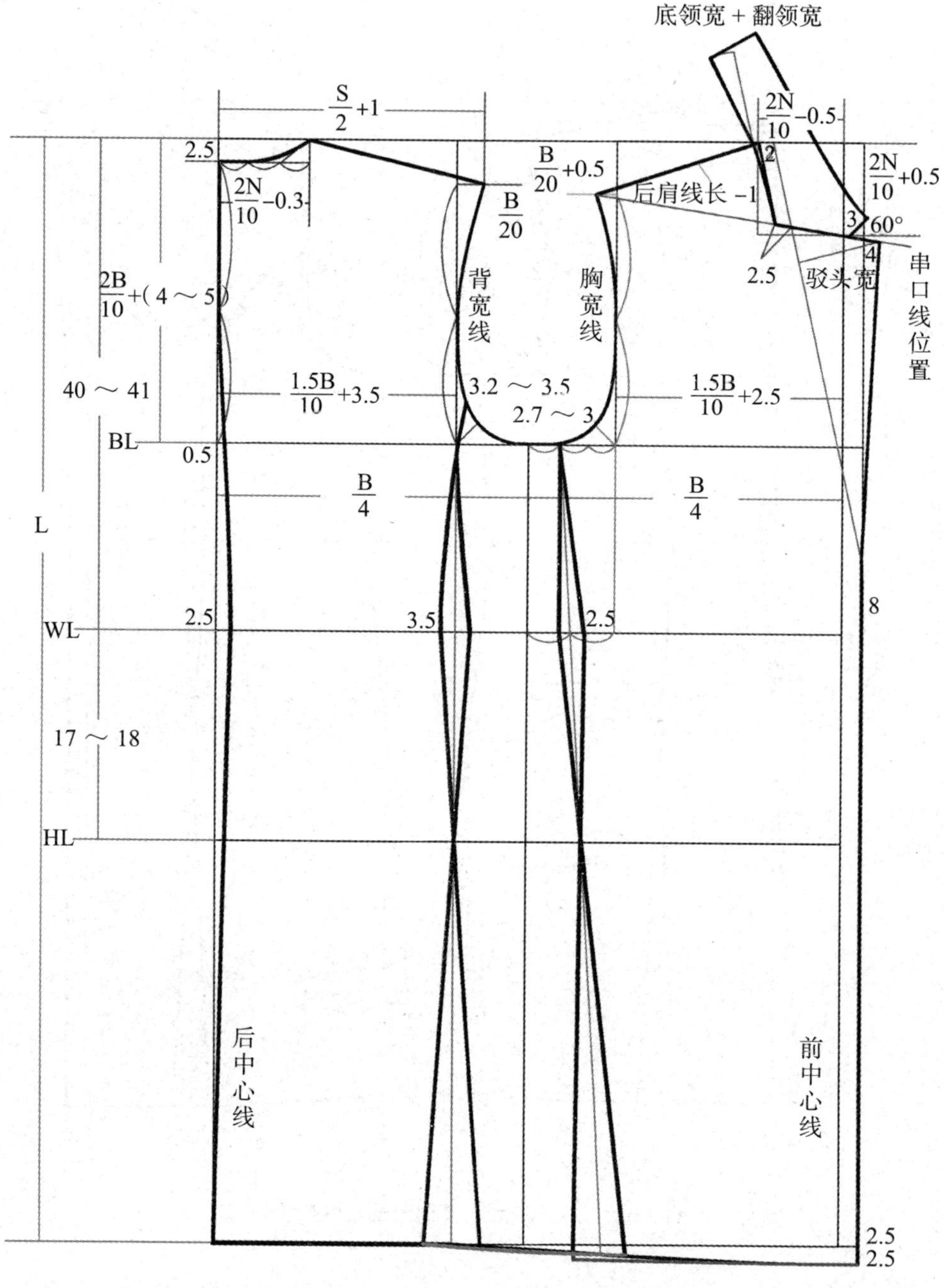

图 7-5-3　六开身大衣比例分配法版型设计

参考文献

[1] 张文斌．服装结构设计（女装篇）[M]．北京：中国纺织出版社，2017.

[2] 吴琼．服装结构设计（女装篇）[M]．北京：中国纺织出版社，2019.

[3] 吴经熊，孔志，邹礼波．服装袖型设计的原理与技巧 [M]．2 版．上海：上海科学技术出版社，2013.

[4] 曲长荣，宋勇．服装结构设计 [M]．北京：化学工业出版社，2020.

[5] 王燕珍．服装结构设计 [M]．上海：东华大学出版社，2010.

[6] 张莉，巴哲华．服装结构设计（基础篇）[M]．上海：东华大学出版社，2022.

[7] 侯小伟．服装结构设计 [M]．北京：中国纺织出版社，2021.

[8] 张向辉，于晓坤．女装结构设计：上 [M]．3 版．上海：东华大学出版社，2018.

[9] 王建萍．女装结构设计：下 [M]．3 版．上海：东华大学出版社，2019.

[10] 柴丽芳，李彩云．女装结构设计 [M]．上海：东华大学出版社，2016.

[11] 张军雄．女装结构设计与立体造型 [M]．上海：东华大学出版社，2017.

[12] 陈明艳．女装结构设计与纸样 [M]．4 版．上海：东华大学出版社，2022.

[13] 吴俊．女装结构设计与应用 [M]．北京：中国纺织出版社，2000.

[14] 徐雅琴．女装结构综合设计 [M]．上海：东华大学出版社，2023.

[15] 王平，阎玉秀．对最新日本文化式女装原型的研究 [J]．浙江科技学院学报，2004（4）：249-253.

[16] 林欧文．试论我国服装号型标准系列的缺陷与提高完善的对策 [J]．温州大学学报，2004（1）：72-76.

[17] 赵星．插肩袖造型与袖夹角相关性的研究 [J]．毛纺科技，2017（11）：42-46.

[18] 王秀彦．插肩袖服装样板图设计技巧 [J]．大连轻工业学院学报，2004（4）：308-309.

[19] 许鉴．对强制标准 GB5296．4—1998 的解释 [J]．纺织信息周刊，2001（8）：13-14．

[20] 岳文侠，曹革蕾．服装结构设计中褶裥的应用及拓展 [J]．国际纺织导报，2022，50（4）：36-44．

[21] 陈建伟，王荣敏．体型特征及服装尺寸设定 [J]．上海纺织科技，2001（5）：47-48．

[22] 薛福平．日本文化式服装原型的应用分析 [J]．西北纺织工学院学报，1999（4）：408-411．

[23] 苗露．配袖技术研究 [D]．长春：东北师范大学，2010.

[24] 温武．基于三维人体测量数据的服装结构设计应用研究 [D]．天津：天津科技大学，2010.

[25] 梁莉．中国现代服装结构设计方法研究 [D]．北京：中央美术学院，2009.

[26] 赵静秒．非接触式人体测量系统的研究 [D]．天津：天津工业大学，2004.

[27] 王春山．基于定制服装的人体视觉测量 [D]．上海：东华大学，2007.

[28] 杨晓敏．面料性能对翻驳领倒伏量的影响研究 [D]．无锡：江南大学，2007.

[29] 章国信．插肩袖造型与结构设计研究 [D]．福州：福建师范大学，2012.

[30] 兰天．服装制版技术参数在领型设计中的应用与研究 [D]．长春：东北师范大学，2013.